创新风暴

创新风暴系列丛书

中国房地产

创新设计经典

新

时国珍◎主编

2014

精品源自创新，
特色成就经典！

知识产权出版社
全国百佳图书出版单位

U0342061

图书在版编目（CIP）数据

中国房地产创新设计经典. 2014 / 时国珍主编. —北京：知识产权出版社，2015.7

（创新风暴系列丛书）

ISBN 978-7-5130-3655-9

Ⅰ.①中… Ⅱ.①时… Ⅲ.①建筑设计—中国—图集 Ⅳ.①TU206

中国版本图书馆CIP数据核字（2015）第160974号

内容提要

本书是"创新风暴"系列丛书之一，是经建筑界权威专家评审出的"第十三届创新风暴·中国房地产创新典范"获奖作品的经典荟萃、优秀设计机构和地产大亨经营之道的剖析与分享、新锐建筑师创新心法的深度揭秘。

在"互联网+"时代，本系列图书的出版和房地产"创新风暴"活动将在众筹思维的导引下，线上、线下立体交融。不仅借新媒体向公众推介经典作品之科技创新、设计创新、产业创新和打造新型城镇化、低碳宜居的和谐社区、美丽社区之先进理念，以及文化地产、旅游地产、养老地产、商业地产等热点项目的精进设计；而且以书为媒，整合资源为地产开发商、建筑师、设计院、建筑设计事务所等上下游利益相关者提供增值服务，并让大家产生共振、共鸣、持续互动、互赢。

一册在手，精彩在握。

责任编辑：祝元志   执行编辑：陈晶晶

责任校对：谷 洋   责任出版：刘译文

中国房地产创新设计经典2014

时国珍 主编

出版发行：知识产权出版社有限责任公司   网　　址：http://www.ipph.cn

社　　址：北京市海淀区马甸南村1号   天猫旗舰店：http://zscqcbs.tmall.com

责编电话：010-82000860转8391   责编邮箱：shiny.chjj@163.com

发行电话：010-82000860转8101/8102   发行传真：010-82000893/82005070/82000270

印　　刷：北京科信印刷有限公司   经　　销：各大网上书店、新华书店及相关专业书店

开　　本：889mm×1194mm 1/12   印　　张：23.5

版　　次：2015年7月第1版   印　　次：2015年7月第1次印刷

字　　数：650千字   定　　价：298.00元

ISBN 978-7-5130-3655-9

代 序

以住宅产业化调结构促转型

刘志峰　中国房地产业协会、中国房地产研究会会长
原建设部副部长、党组副书记

● 实现住宅产业化是建设"两型"社会的需要
● 实现住宅产业化是促进"三化"发展的需要
● 实现住宅产业化是转型升级、提升建筑品质的需要
● 目前在工作机制、地方政府支持、龙头企业示范方面已经具备了
　基础条件

　　住宅产业化，是经济和社会发展到一定阶段的推动和需要。到2015年，我国新增绿色地产面积10亿平方米以上，规模大、标准高，传统的建造方式肯定不行，只能依靠住宅产业化的先进手段来发展绿色地产。

　　实践证明，住宅产业化可以利用**"设计标准化、部品生产工厂化、现场施工装配化、产品部品模数化、全过程管理信息化、产业链集成现代化"**来建造、使用、管理和维护房屋。它是对房地产行业的深刻变革，也是推动绿色地产的有力抓手。

为什么要做住宅产业化

　　首先，实现住宅产业化是建设"两型"社会的需要。十八大提出要建设资源节约型、环境友好型社会，但现阶段我国经济增长与资源、能源消耗的矛盾比较突出。2011年我国经济总量位居世界第二，资源能源消耗占世界比重远远超过经济总量所占的比重，特别是近年来雾霾天气范围扩大，受影响时间增多，严重影响了人们的生产和生活。

　　资源环境带给房地产行业的压力也前所未有。论发展规模，我国房地产全球第一；论发展速度，我国房地产世界领先；但论发展质量，我国房地产却远远低于发达国家，资源、能源消耗更是比发达国家要高得多。与之相反的是，我国住房建设的土地产出率和管理效率效能，都比较低。根据联合国政府间气候变化工作组估算，建筑行业到2020年，有将基准排放降低29%的潜力，居各行业之首。"十二五"期间我国主动调低经济发展速度，就是要改变这种高投入、低产出的不可持续的发展模式。如果用先进的产业化方式生产住宅，一般节材率达20%以上，施工节水率达60%以上，减少建筑垃圾80%以上。除此之外，住宅产业化能提高施工效率4~5倍。因此，促进住宅产业化不仅是我国经济结构调整的需要，也是建设"两型"社会的需要。

　　其次，实现住宅产业化是促进"三化"发展的需要。什么叫"三化"？就是工业化、信息化、城镇化。先说工业化。我们经常会说，"像造汽车那样造房子"。为什么能有这样的先进手段？完全是因为有了现代工业文明。工业化让施工周期比传统建筑施工周期缩短了1/2，建筑误差用微米计算。未来的建筑工地，我们还能看到机器人代替人工作业。

第二是信息化。信息化从规划设计、施工建设、现场管理、材料供应、领导决策，后期运营，一张蓝图干到底。虽然在实施过程中还有一些问题有待解决，但它代表了国际的先进潮流和发展趋势，我们迟早要用到它。目前，世界上一些国家已经制定了相对完备的BIM国家标准，我国才刚刚开始，而房地产开发企业离运用这些新技术的距离更远。

第三是城镇化。不久前发布的《国家新型城镇化规划》明确要求提高工业化住宅的比例，未来城镇化将扩大内需，激发各项事业发展。在城镇化的带动下，2020年前，我国城乡每年新增房屋建筑面积将达到17亿～20亿平方米。城镇化不仅是经济建设的主战场，也将帮助住宅产业化成为城乡建设的主力军。加上棚户区改造、保障房建设，产业化不仅能控制成本，还可以给施工质量和效率加上"双保险"。未来的住宅产业化，一定会成为推动信息化与工业化深度融合、工业化与城镇化良好互动的重要载体。

此外，实现住宅产业化是转型升级、提升住房品质的需要。住宅产业化代表了全球房地产业的先进方向和领先模式，是促进房地产业转型升级、提升品质的生产力、创新力、推动力。这几年，我国住宅建设规模很大，速度很快，但结构比较单一，产业化程度不够高，质量提高还不明显，特别是重规模轻效率、重外观轻品质、重建设轻管理、重城市轻农村、重地上轻地下，建造和建材生产过程污染严重、跑冒漏滴等住宅通病并未根除，建筑使用寿命远低于设计使用年限。但在发达国家，超过百年的"老房子"到处可见。日本从20世纪80年代起就提出了"百年住宅"的理念，现在又提出了"200年住宅"的概念。住宅长寿命的这种例子在国内也并不是没有，住房和城乡建设部大楼使用近60年了，只要维护好，再用60年也没问题。如果以工业化生产方式取代劳动密集型的手工方式；以互联网的信息化手段取代传统的设计和管理手段；以预制装配式干作业取代现场湿作业，再加上适时、适当的维护，延长建筑的使用寿命、提升建筑的品质完全是有可能的，而且也有利于行业转型升级。

搞好住宅产业化的有利条件

通过几年的努力，我们在依托住宅产业化加快房地产业转型升级、促进全行业绿色低碳发展等方面，无论是思想认识上还是具体推动上都有所加强，具备了以下三个方面的基本条件。

建立工作机制，提供有效保障。住房和城乡建设部以产业化试点城市、国家住宅产业现代化基地、康居示范项目为载体；以性能认定和部品认证制度为抓手；以建材采购平台为依托，推进全国住宅产业化有层次地发展。目前，沈阳已经成为国家住宅产业现代化示范城市；济南、深圳等城市也成为国家住宅产业现代化综合试点城市；万科、中南建设等38个不同类型的企业被审定为住宅产业现代化示范基地；有将近400个康居示范工程通过了专家评审。通过"以点带面"，建立了以企业为主体的技术创新体系，增强了规模化实施的能力，有效推动了住宅产业化整体水平的提升。在住宅性能认定和住宅产品认证方面，工作也有了较大的推进。全国已有900多个项目获得了A级性能认定，初步确立了与住宅产业化要求相适应的住宅结构体系、部品体系和技术保障体系。

地方政府支持，促进产业化落地。地方是发展住宅产业化的重要力量。这几年，一些地方政府重点抓了下面几个方面。一是"建机构"。加强了产业化专职管理机构建设，如沈阳专门成立现代建筑产业化管理办公室，负责住宅产业化的具体推进工作，并由五位副市级领导分工把关、归口管理。二是"出政策"。如北京、上海、重庆、安徽、宁夏、深圳、沈阳、济南、合肥等地，分别出台产业化发展指导意见。北京实施了"3%面积奖励"，上海实施了"成本列支"等。三是"建标准"。北京、深圳、重庆在编制设计、施工、竣工验收标准及部品质量控制标准等方面进行了有益的探索，先后参与起草制定与产业化有关的协会标准、行业标准15个，走在全国前列。四是"推集成"。一些政府与企业、研究机构联合对工业化建造、太阳能供热等集成技术，以及适老化标准开展科技攻关，加快成果应用。上海、重庆、江苏、深圳等地出台全装修鼓励政策，江苏明确规定新建保障性住房必须全装修等。五是"搭载体"。北京、沈阳、深圳、上海等地以保障房建设为载体，采用节能环保等成套技术，开展产业化试点，并探索保障房性能认定，积累了一定经验。六是"促认同"。搭建政府、协会、企业、公众"四位一体"的住宅产业化宣传、培训、交流模式，取得全社会对这项工作的逐步认同。

龙头企业示范，发挥各自特点。一些龙头企业结合自身特点积极发展住宅产业化，成了市场推动主体。2013年，以万科为龙头的大型开发企业发挥产业化优势，加快开发节奏，提高资金周转效率，万科以产业化方式生产的住宅则比上年增加了13%。以长沙远大住工、威信广厦为代表的工业化住宅制造企业，加强研发，推动创新，用项目实践带动示范，其工程案例很有说服力；以浙江宝业、山东力诺瑞特为代表的施工构配件生产、部品和新材料生产企业，注重与城市和其他产业合作，取得了较好的社会和经济效益；以龙信集团为代表的设计施工装修企业，突出院企和校企合作，带动了一批科研院所、设计单位、开发企业、部品企业、施工企业结成产业联盟。

但必须看到，住宅产业化在推进中也存在一些问题：一是组织引导和政策扶持方面有待加强；二是住宅成品与部品标准体系有待完善；三是部品模数协调方面还有很多不匹配的地方；四是现行工程建设管理尚不能适应工业化、信息化、产业化的发展需要。这些都有待我们加以改进。

如何推进住宅产业化

住宅产业化利用"六个化、一条链"，将住宅规划、设计、部品部件生产、施工、管理和服务等环节联结为一个完整的体系。一方面，它带动了新技术、新工艺、新材料、新设备的应用；另一方面，它大大提升了建筑品质和科技含量，让老百姓都能分享到绿色成果，同时也带动了上下游产业。

但发展住宅产业化不是单纯地追求建设速度和规模，而是要通过产业化的手段，让建筑在建造及使用全寿命周期内，最大限度地节约资源、保护环境和减少污染。发展住宅产业化，要注重以下几个问题。

要有明确的方向和目标。方向是建设"资源节约型、环境友好型"社会；目标是建造长寿命、好性能、绿色低碳的好房子。所谓"长寿命"，是指民用建筑使用寿命长。目前，我国一般民用建筑主体结构的设计使用年限为50年，重要建筑为100年，但前些年为了改变土地使用性质、提高土地使用强度，被拆除的房子数量较大。而一些发达国家的建筑统计平均寿命大大超过标准规定的使用年限。所谓"好性能"，即住宅的适用性能好、环境性能好、经济性能好、安全性能好、耐久性能好。拿适用性来说，我国有65岁以上老年人口的家庭已经达到8800万户，占全部家庭户数的比例超过20%，如果没有一定规模的适老化设施，很难称得上适用性能好。所谓"绿色低碳"，是指在房子的建造和使用过程全寿命周期内，尽可能地减少原材料消耗、节约土地、降低污染；尽可能地少用矿物能源，多用太阳能、风能、空气能、地热能、生物质能等可再生能源。

要树立正确的指导思想。具体来说就是树立"两个理念"。一是要树立提高建筑（住宅）使用寿命是最大节约的理念。因为房子寿命短会造成极大的资源、能源浪费，不仅会产生大量的建筑垃圾，也使节能减排的成果大打折扣。现在高层建筑多、土地使用强度大，很难用市场机制改造。二是要树立从规划、设计、施工、使用、维护和拆除再利用的全过程综合考虑建筑节能和生态环保的理念。

要制定切实可行的措施。以产业化实现建筑的长寿命，第一，要重视规划的龙头作用，规划一旦确定，要严格执行，不得随意调整。产业化大多数是成片开发，尤其要做到建筑规划有法可依。第二，要提高结构的耐久性，避免大拆大建，在新型城镇化建设过程中尤其要注意这方面的教训。第三，要加快建立符合我国国情的"SI住宅"体系，把结构体与填充体进行分离，按照耐用年限对各种不同的构件和部品进行分类安装。第四，要实现室内空间的可变性。第五，要加快既有建筑的节能改造。

以产业化实现建筑的好性能，要开展住宅性能认定，从住宅设计开始就体现节约原则。一是在住宅设计中遵循"模数协调和可改造性"的原则，将与住宅相关的部品及构配件的生产安装做到标准化、系列化、装配化。二是推广装配式整体厨房、整体卫浴和整体收纳系统，提高住宅产业化水平。三是通过采用降低建筑体型系数、降低窗墙面积比，提高门窗的隔热和保温性能；采用外遮阳措施等被动式建筑节能手段，降低建筑能耗。四是减少没有功能的装饰构件和景观水体，节约资源。

以产业化实现建筑的绿色低碳，无论是新建建筑还是既有建筑，都要严格执行建筑节能的强制性标准。即使目前新旧建筑达到了65%的节能标准，仍与发达国家有较大差距。目前，中国房地产协会正在北京推行一个"百年住宅"试点项目，要求：一是主体结构的设计使用年限要达到100年；二是性能要达到3A标准；三是绿色建筑要达到三星标准，节能要达到80%；还要重视雨水回收、中水利用、垃圾回收和可再生能源等的循环再利用。

当前，发展住宅产业化，关键还要抓好三条：一是技术集成，通过成熟技术、成套技术、成本控制，提高建筑综合质量；二是建立涵盖设计、生产、施工和使用全过程的标准化体系，为大规模示范推广住宅产业化提供规范保障；三是尽快研究出台促进住宅产业化的激励政策。在政策、目标、技术路径和内容等方面统一思想认识，有必要让一个部门把资源整合成一个平台，使标准、技术、质量、安全、建筑市场形成一个协同的工作机制。此外，住宅产业化既然提倡一定规模的推广复制，就一定要有经得起考验的工程案例。

我国经济增长方式已经发生了变化，房地产业在经历了较长一段时间的繁荣后，也进入了增速的换档期、结构的调整期、政策的完善期、业态的优化期、品质的提升期，但搭上工业化、信息化、城镇化快车的住宅产业化却刚刚起步、方兴未艾。

新型城镇化建设中的"五大要素"

宋春华　原建设部副部长

- 实现农村转移人口的市民化
- 准确定位和必要的产业支撑
- 坚持集约、紧凑、低碳
- 传承文脉、塑造特色和美丽
- 优化城镇布局，形成大中小城市和小城镇协调、城乡一体化发展格局

　　城镇化是人类社会发展、进步、文明的历史过程，有其自身的发展规律。1979年美国城市地理学家诺瑟姆提出的"s曲线"（诺瑟姆曲线），大体上反映出了城镇化推进的规律性特征（图1），即发达国家城镇化都经历过类似的正弦波曲线上升的过程，其中有两个拐点：30%和70%。城镇化率低于30%时，曲线平缓，经济发展缓慢，农业释放的富余劳动力和城镇提供的就业机会相对有限，是城镇化缓慢发展的初级阶段；城镇化率超过30%后，曲线变陡，经济进入高速发展阶段，处于工业化社会，农村大量转移人口进入城市，是城镇化加速推进的时期；城镇化率达到70%后，曲线又趋平缓，基本实现现代化，城镇人口比重增长又趋缓慢，进入后工业社会。

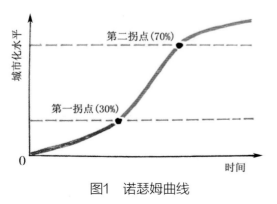

图1　诺瑟姆曲线

　　改革开放以来，伴随着工业进程的加速，我国城镇化经历了一个起点低、速度快的发展过程。1978年至2013年，城镇常住人口由1.7亿人增加到7.3亿人，城镇化率由17.9%提升到53.7%，年均提高1.02个百分点，2013年户籍城镇化率为36%。规划到2020年，常住人口城镇化率达60%，户籍城镇化率为45%。

　　中国城镇化进程显示出政府强势的调控作用，这使我们没有走类似日本和韩国那样大城市主导、大城市首位度奇高的高度集约型城镇化道路；避免了像拉美和加勒比地区那种过快、过度超前的城镇化和低收入者居住的"贫民窟化"；也没有像美国那样，过分分散布局、低密度蔓延式扩张，过度依赖私人汽车机动出行所造成的土地、资源能源的巨大浪费。中国的城镇化总体呈现出一种正态效应，对吸纳农村劳动力转移、提高生产要素配置效率、扩大内需、推动经济持续快速增长、促进社会结构变革、改善人民生活等取得了举世瞩目的成就。

　　中国的城镇化具有世界意义，引起了国际上的高度关注，以至于有国外学者将中国城镇化与美国的高科技发展一起称为"21世纪对世界影响最大的两件事"。

　　当然，30多年来的中国城镇化建设中，也发现了一些不容忽视

V

的问题和不足，遇到了一些突出的矛盾和难题，所以，城镇化未来发展之路，必须转型。2013年12月，中央召开了城镇化工作会议，提出了推进城镇化六方面的主要任务；2014年3月，又公布了《国家新型城镇化规划（2014—2020年）》。这是宏观性、战略性、基础性的规划，是中央和国务院对城镇化工作的重大部署，只有认真贯彻好会议精神，全面实施好"规划"，我们才会走出一条有中国特色的新型城镇化道路。新型城镇化有别于我们已经走过的城镇化道路，是"中国城镇化"的升级版，它也将对城市规划、房地产开发等领域产生深刻的影响。

新型城镇化，不能只化劳动力、不化家庭，要实现农村转移人口的市民化

2013年年末，大陆总人口数为13.6亿人。2014年5月公布的《中国家庭发展报告》称，大陆共有4.3亿户家庭。家庭是人口的载体、社会的细胞。这些人口和家庭分布在社会的两翼，一翼是城镇，一翼是农村。城镇的7.3亿人，又分户籍人口（4.9亿人）和非户籍常住人口（2.4亿人），户籍人口中有就业人员3.8亿人和抚养人口1.1亿人，他们共同组成了城镇的家庭；而农村家庭则是由城镇中非户籍常住人口（农民工）和农村中的劳动力及农村抚养人口所组成，所以进了城的农民工其家庭仍在农村（图2）。

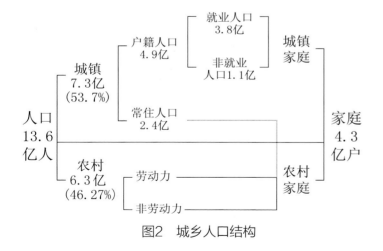

图2　城乡人口结构

这就带来了一系列的问题：首先，农村家庭被解构，产生了留守老人、留守儿童等特殊群体，带来了一系列社会问题，是不和谐、不稳定的因素之一；其次，进城务工的农民即使被常住化了，由于政策、制度的原因，他们并没有享受市民权益，是不完全的城市人口，是不公平、不可持续的，负面影响越来越显化；再次，大量人口季节

性的钟摆式流动，要付出巨大的出行成本，会对交通系统造成瞬时性冲击，不利于长期的稳定运行；此外，流动人口逐渐纳入住房保障范围后，其家庭仍在农村，实际上要用两套生活设施服务一个家庭，造成了资源的浪费；最后，农村大量青壮年外出，老人留守，若干年后农民工的年长者也返回农村，必将造成农村老龄化要快于城市，农村养老问题便会凸显出来。解决这些问题的关键是推进以人为核心的新型城镇化，有效推进农业转移人口的市民化，推进户籍制度改革，让符合条件的农业转移人口落户城镇，让他们享有城镇的基本公共服务。

具体讲，就是今后一个时期，应着重解决好"三个1亿人"的问题：促进约1亿农业转移人口落户城镇，改造约1亿人居住的棚户区和城中村，引导约1亿人在中西部地区就近城镇化。这"三个1亿人"，对我们的城市规划和房地产业提出了新的任务和要求，必将影响到城镇规模、布局、生态、环境、基础设施、公共服务等诸多环节。以住房为例，2013年城镇人均住房面积为32.9平方米，将来还会有一定的提高，即使按目前人均约33平方米计算，1亿人也需要33亿平方米的住宅，每年要建5亿平方米左右。而棚户区和城中村改造，大体上也是这样的规模。这就要求我们必须更新观念、坚持创新、城乡统筹、科学规划、因地制宜、合理布局、节约用地、提高质量，做到事前控制、有序开发、高水平地建设，这样才能更好地解决"三个1亿人"的住房问题。

新型城镇化，不能只造"空城"、不聚人气，要有准确的定位和必要的产业支撑

城镇化的本质是社会生产力发展到一定阶段所引起的生产力布局调整。第一产业——农业的产业化和现代化提高了农业劳动生产效率，使农村出现的富余劳动力需要转移；第二产业——工业化信息化的转型升级和快速推进，以及第三产业——现代服务业的兴起和快速发展需要机械性输入补充从业人员，所以农村人口转移的动力源是产业升级、转移和集聚，是社会生产力提高和布局的调整，城镇化是与工业化、信息化和农业现代化良性互动的结果。

如果没有产业支撑，不能提供就业，不管造出多好的新城、不管马路多宽、广场多大、楼堂馆所多靓，仍然是不会吸引人、留住人的，只能沦为一座空城。"拉美陷阱"的教训，就在于不能为大量涌入城市的人群提供就业岗位，没有收入的人群又造就了贫民窟和一系列的城市问题。所以，安居和乐业是相辅相成的，有道是"安居

才能乐业"，还应当说"乐业方可安居"。中国城镇化的一大症结是工业化滞后于城镇化，必须摈弃没有产业基础、只靠房地产支撑的城镇化，纠正好大喜功、急于求成、盲目冲动的造城运动。无论是新城建设、新区开发，还是旧城改建、扩展、增容，首要的是要做好城市发展的战略研究，依据自己的资源禀赋和区位特征，准确把握城市定位，顺应区域发展的整体要求，选好主导产业和产业集群，确立自己的专业化地位和分工协作关系。城市规划不能只做空间规划的文章，必须与经济社会发展规划、土地利用规划紧密结合，研究生产力布局，与产业规划相衔接。在这个基础上，搞好城市布局、基础设施建设和环境建设，创造宜居宜业的条件，才会吸引人、留住人，让转移进城的农村人口能安家立业，在为现代化建设作出贡献的同时，创造自己的新生活。

新型城镇化，不能只铺摊子、拼资源，要坚持集约、紧凑、低碳

如上所述，没有产业支撑的盲目造城，往往是急于拉架子、铺摊子，显示城市的气派，忙于搞些标志性形象工程，以取得"广告"效应，紧接着就是大搞房地产开发，以物业增值的预期吸引资金，实则多为投资与投机性需求，缺少最终消费，晚上灯火不足而被称为"鬼城"。这样的城市，马路很宽没有车、广场很大没有人、写字楼很漂亮没人办公、大型公建很阔气往往成为摆设，高企的房价让楼市转入低迷，脆弱的资金链一旦断裂，只会留下大量的闲置土地、半拉子工程和积压物业，直接的后果是造成土地和资源、能源的极大浪费，还会引发其他的经济、社会不稳定等诸多问题。

上述情况可能是少数个案，然而中国城镇化在空间布局上普遍存在大手大脚、过度占用土地甚至农田等现象。城市继续"摊大饼"无节制地蔓延，新城新区则跑马圈地、宽打宽用。大量的农业用地转为建设用地，城市土地承载的人口密度和经济密度则难以提升，资源的利用效率大打折扣。有资料称：2000年至2010年，城市建设用地面积扩大83%，城镇人口只增长45%，增长率之比为1.85，而国际公认的弹性标准为1～1.12，这说明我国城市人均用地过大，不少城市超过120平方米，而东京为70平方米，香港只有40平方米；与此相随的一个指标是人口密度的降低。21世纪以来，城市建成区面积扩大了50%，而城镇人口只增长了26%，土地城镇化快于人口城镇化，建成区人口密度必定是下降的。另有资料显示：2001年至2008年，城镇人口平均每年增长3.55%，而建成区面积平均每年增

长6.2%，城市建设用地平均每年增长7.4%，城市的经济密度仅为日本的1/10。

党的十八大提出中国社会主义事业"五体一位"的总体布局，以经济建设为中心，协调推进政治建设、文化建设、社会建设和生态文明建设，生态文明建设要贯穿于各行各业、各个方面。为此，我们要树立尊重自然、顺应自然、保护自然的生态文明理念；坚持节约资源、保护环境的基本国策；推进绿色发展、循环发展、低碳发展的方针；促进生产空间集约高效、生活空间宜居适度、生态空间山清水秀，给自然留下更多的修复空间，给农业留下更多的良田，给子孙后代留下天蓝、地绿、水净的美好家园。

新型城镇化必须全面认真贯彻落实上述指导思想，走出集约、紧凑、低碳发展的新路子，将搞好规划作为前提，重点解决以下三个方面的问题。

一是划定城市范围和界面。 改变扩张性、摊大饼、无序蔓延、无界限发展的做法，应根据区位特征、自然条件、城市功能和产业性质，科学界定开发范围、合理划定城市界面，人均用地要控制在100平方米之内。同时，要严格划定三区（禁建区、限建区、适建区）四线（绿地——绿线、水体——蓝线、历史文化——紫线、基础建设——黄线）。此外，涉及城市生态还要通过制定生态保护红线，扩大城市生态空间，增加森林、湖泊、湿地面积，将农村废弃地、其他污染土地、工矿用地转化为生态用地，在城镇化地区合理建设绿色生态廊道。

二是把握开发规模和强度。 在需要开发的地区，应搞好市场调查，合理确定开发规模，把握好开发强度，既要适度紧凑集中，又要适应资源环境的承载能力，避免强冲击开发，要"把我们的家轻轻地放在大自然中"，要树立尊重自然、保护自然、依托自然、顺应自然、天人合一的理念，"让城市融入大自然中，让居民望得见山、看得见水、记得住乡愁"，要"慎砍树、不填湖、少拆房"，把绿水青山留给城市居民。

三是实现绿色低碳运行。 城市运行需要外部输入能源和其他资源，同时排出污染物，留下碳足迹，影响和污染自然环境。必须坚持资源节约和环境友好的基本方针，建设"两型社会"，无论是生产、生活，还是其他社会活动，都要坚持绿色发展、低碳运行。以交通为例，首先是减少出行、削减出行量，规划的集中紧凑布局是重要方面。此外，还应避免过度机械性的功能分区，住区和工作区可根据情况适度混合，包括建设多功能的城市综合体，都会有效地减少出行量。必要的出行要坚持非机动出行和步行优先，机动交通要坚持公交

优先，公交系统要坚持大运量、低能耗的轨道交通和快速系统优先，并采用TOD模式（以公共交通为导向的开发模式），实现公交与非机动出行或步行系统的结合，尽量减少市民出行对小汽车的依赖。

新型城镇化不能只有物化、没有文化，要传承文脉、塑造特色和美丽

我们在谈论城镇化为城市带来的巨大变化时，往往只看到硬件奇迹而陶醉于硬实力的增强，这只是大量资金和社会劳动物化的结果。城市不仅是个巨大的物质实体，更是内涵丰富的文化实体，城市的综合实力不仅体现在硬件承载能力的强弱上，还应体现在文化软实力的水平上，而后者更具持久的竞争力。我们在讨论城镇化质量时，不仅要看到建设中的硬伤和城市病的积累，还必须看到城市文化的缺失和传统特色的淡出。

长期以来，由于我们在对城市价值的认定上存在着偏执乃至迷失，某些不良倾向多有显现。例如：高物质化——单纯追求效率和财富，忽视人文精神的认同和培育；去历史化——漠视历史文化，不少有保存价值的城市建筑文化遗产毁于大拆大建；奢靡化——审美价值扭曲，追求奇特怪异、光怪陆离、张扬摆阔；同质化——缺乏创新，跟风模仿，戴假面具，扮洋相，千城一面，特色殆尽；等等。这些都反映出我们在城市文化建设上自觉性不高、自信心不强、文化定力不足，这种状况亟待改变。

在推进新型城镇化过程中，我们要发掘城市文化资源，强化文化传承创新，促进传统文化与现代文化、本土文化与外来文化的交融，把城市建设成为历史底蕴厚重、时代特色鲜明的人文魅力空间，形成多元开放的现代城市文化。因此，在城市规划和开发建设中，一方面要挖掘和保护文化资源，特别是在旧城改造中，要注重文化生态的整体保护，留住、存续城市文化记忆；另一方面要传承和弘扬优秀传统文化，在新区、新城建设中，融入传统文化元素，与原有自然人文特征相协调，推动地方特色文化的发展。

为了更好地展示和表达自己的城市文化，要在以下几个方面下功夫：一是以城市文化战略研究为基础，确立城市的文化主题，突出地方文化特色；二是坚持规划设计的创新，既不拷贝洋符号，也不一味仿古，要塑造具有地域风格、民族特色和时代精神的人性化空间；三是开辟城市开放性公共空间，植入公共艺术，讲述自己的故事；四是规划建设重大历史文化纪念工程，构建世代相传、刻骨铭心的记忆场所。

新型城镇化，不能只偏大不爱小、只顾城不管乡，要优化城镇布局，形成大中小城市和小城镇协调、城乡一体化发展的格局

城镇体系既要有规模结构的合理，又要有空间分布形态的平衡，要统筹规划、合理布局、分工协作、以大带小、协调发展。为此，必须以城市群为主体形态，发展聚集效率高、辐射作用大、城镇体系优、互补功能强的城市群。一方面，东部城市群（京津冀、长三角、珠三角）应进一步优化和提升，发挥对全国经济社会发展的重要支撑和引领作用，并积极参与国际合作与竞争；另一方面，要培育和发展中西部城市群，加快产业集群的发展和人口的聚集；同时，还要进一步增强各中心城市的辐射带动功能，加快发展中小城市，有重点地发展小城镇，促进大中小城市和小城镇协调发展。此外，还必须统筹城乡发展的力度，推进城乡规划、基础设施和公共服务一体化，提升乡镇村庄的规划设计和管理水平，建设各具特色的美丽乡村。

目录 CONTENTS

目
录

目 录

论坛和颁奖掠影

2014中国地产设计创新论坛暨创新风暴·中国房地产创
新典范颁奖典礼

出席嘉宾

刘志峰

谭庆琏

姚景源

李秉仁

张志新

王玉平

李礼平

朱中一

周 畅

翟 建

文林峰

毕建玲

王树平

苗乐如

孟晓苏

泰艾斯·斯托夫尔

2

赵冠谦

庄惟敏

窦以德

刘培森

刘东卫

开彦

韩秀琦

刘嘉峰

周燕珉

张贵林

王全良

张菲菲

樊则森

李建伟

张建

罗迪

行业专家

3

陈 军

毛大庆

潘 文

张华纲

李战洪

郭国强

史建华

冯 军

遇绣峰

李竹青

陈 兴

覃琼逸

刘志峰

孟晓苏

谭庆琏

姚景源

文林峰

陈　军

张贵林

毛大庆

翟　建

张华纲

泰艾斯·斯托夫尔

演讲嘉宾

颁奖现场

颁奖现场

会场实况

房地产创新典范

"第十三届创新风暴 · 中国房地产创新典范" 获奖项目

上海 · 天地 · 健康城

开发单位：德地置业发展（上海）有限公司
规划设计：美国 JWDA 建筑设计事务所（中国）上海骏地建筑设计咨询有限公司
建筑设计：中国建筑上海设计研究院有限公司
景观设计：上海麦秋景观设计有限公司

▶ 项目概况

"上海·天地·健康城"项目位于上海市青浦区朱家角镇，由C-07-02（A）、C-07-05（B）、C-04-08（C）三块用地组成，东至康欧路，南至绿地·壹墅项目，西至老朱泖河，北至康业路。东西向有318国道，南北向有朱枫公路，南接沪杭高速公路，周边风景秀丽、交通便捷。

本项目以CCRC理念为指导，以3个核心理念为核心，以服务于"自理—半自理—全护理"三个阶段的老人为目标，通过医护养乐、统筹兼顾，以涵盖老人完整的退休生活为设计的主要方向和依据。立足智能化、信息化技术平台，依托顶级健康服务机构资源，根植国外成熟运营服务经验，打造国际高端综合养老社区，满足高净值家庭对身心健康的需求。

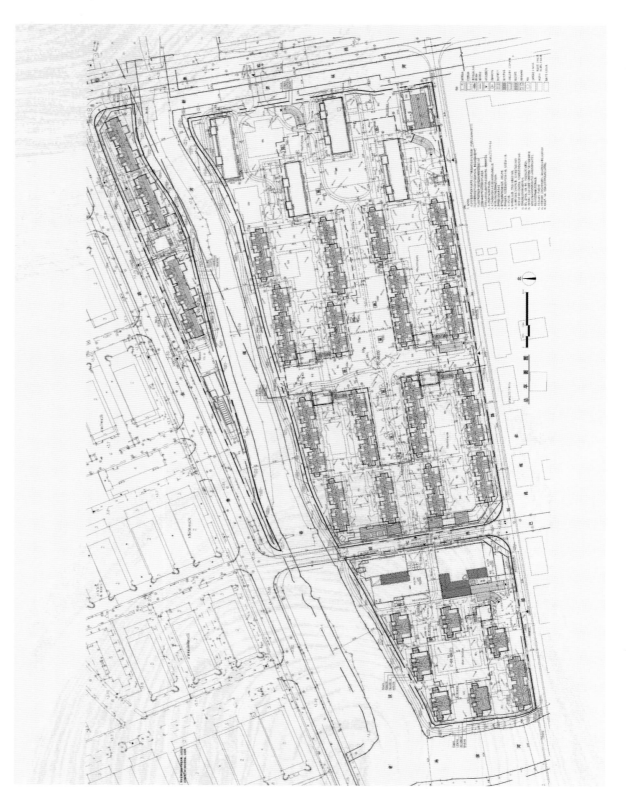

总平面图

鸟瞰图

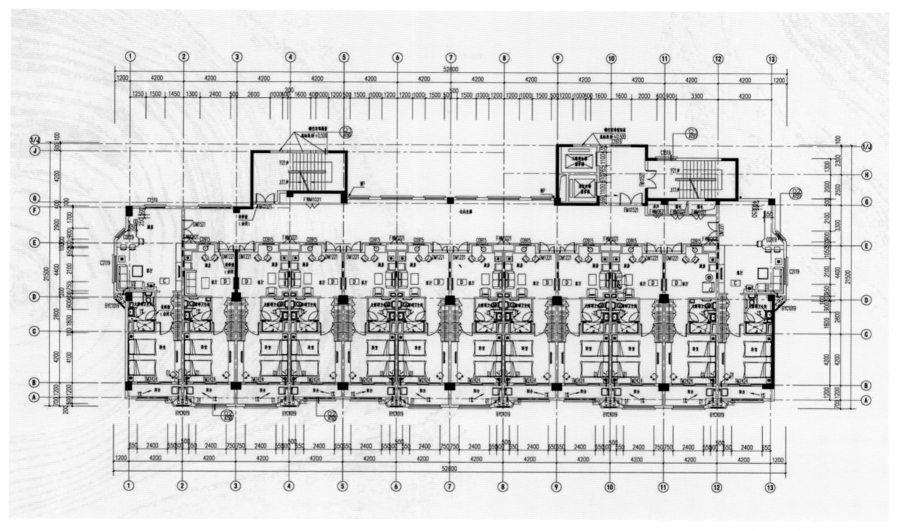

服务式公寓平面图

▶ 主要经济技术指标

规划用地面积：107 516.6平方米

总建筑面积：185 969.56平方米

计容建筑面积：150 511.71平方米

商业建筑面积：149 751.71平方米

物业管理建筑面积：690平方米

市场配套服务设施：70平方米

不计容建筑面积：35 457.85平方米

地下总建筑面积：30 762.92平方米

屋顶层面积：388.83平方米

保温层面积：4 306.1平方米

地上总建筑面积：155 085.74平方米

容积率：1.4

建筑密度：27.9%

绿地率：28.3%

机动车停车位：864个

地上停车位：239个

地下停车位：625个

非机动车停车位：3 099个

沿河商业效果图

电梯及入户效果图

商业街入口效果图

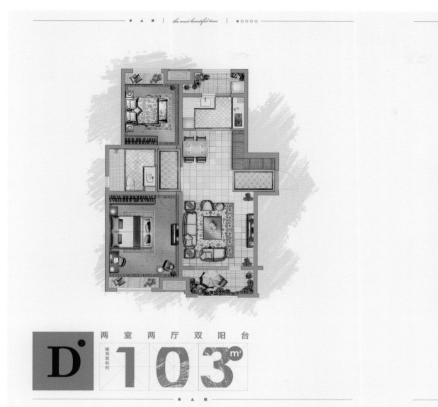

两室两厅双阳台

建筑面积约

D 103 m²

户型设计图

户型特点

适老化设计原则

按年长者生活规律与习惯设计，考虑生活安全性和心理安全感，有效降低举手投足、坐躺起立、转身时或有的隐形损害及风险；

适老化设计标准

1/空气、视线、声音、路线四通，减少突发状况引起的伤害，利于相互照应；
2/居住空间地面平整，无高差无障碍，避免绊倒、跌跤、碰磕带来的损伤；
3/储藏空间多、台面多，便于长者生活用品的收纳及放置，台面更起到扶手作用；
4/温度均匀、光线均匀，扁平化户型便于光线深入居室，室内温暖舒适，心情好自然少生病；

适老化精装配置

全屋精装、配备地暖、直饮水入户、风管式空调、智能马桶及紧急呼叫系统；

户型特色

大面积南向开间，3.1米舒适层高，卧室分床设计，营造免打扰舒睡状态。

卫浴区适老化细节

增加辅助台面及安全设计
让入浴过程温暖、安全

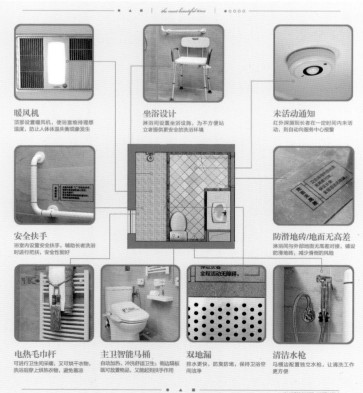

暖风机
顶部设置暖风机，使浴室维持理想温度，防止人体体温失衡现象发生

坐浴设计
淋浴间设置坐浴设施，为不方便站立者提供更安全的洗浴环境

未活动通知
红外探测到长者在一定时间内未活动，则自动向服务中心报警

安全扶手
浴室内设置安全扶手，辅助长者洗浴时进行把扶，安全性能好

防滑地砖/地面无高差
淋浴间与外部地面无高差对接，铺设防滑地砖，减少滑倒的风险

电热毛巾杆
可进行卫生间采暖，又可烘干衣物，洗浴后躺上烘热衣物，避免着凉

主卫智能马桶
自动加热、冲洗舒适卫生；侧边隔板取可放置物品，又能起到扶手作用

双地漏
排水更快，防臭防堵，保持卫浴空间洁净

清洁水枪
马桶边配置独立水枪，让清洗工作更方便

卫浴区适老化细节图

一键紧急呼叫

一键取电

洗浴设计图

开关按键面板

▶ 专家点评

1. 该项目位于上海青浦区朱家角古镇不远处，周边风景秀丽，交通便捷，由三块地组成，总用地面积10.7万平方米，总建筑面积185 969平方米。

2. 该项目定位为国际高端综合养老社区，规划设计以CCRC持续照护理念为指导。由组团式产权式单元、服务式单元、护理单元、护理医院以及相关配套商业、餐饮服务等多种设施均衡构成，整个社区的道路系统考虑人车分流，室外活动场地、景观设计及建筑出入口处均做到连续的无障碍设计。居住组团还就近配置了邻里中心。

3. 在建筑设计方面，以上海新天地的老上海风情为蓝本，打造海派文化与现代技术相结合的建筑空间，令老人们既有怀旧和亲切感，又有舒适和健康的环境。

4. 在户型及细部设计方面，充分考虑适合老年人使用的多项人性化设计，做到四通一平，两多两匀；室内装修采用40项适老化设计，如一键式取电，玄关适老化收纳，未活动通知等。

5. 景观设计方面，将公共绿地进行了园区、组团和庭院三级配置，采用丰富的表现手法，从视觉、触觉、听觉、嗅觉等多方面加强老年人的感官体验，同时注重不同风格和艺术氛围的营造。

6. 该项目在设计理念上还强调了环保节能，采用多项节能技术，并充分开发利用物联网的信息化、智能化系统，为后期社区运营降低成本，为服务运营提供良好的数据库支持。

7. 该项目是一个非常优秀的项目，已建成的部分正在展示，取得良好的社会认可。

西安国际社区

开发单位：西安高科国际社区建设开发有限公司
规划设计：西安市城市规划设计研究院
建筑设计：中国建筑西北设计研究院有限公司
景观设计：广州筑原设计机构

总平面图

▶ 项目概况

"西安国际社区"项目位于西安市西南方向，长安区沣河中部节点上，北靠丰镐遗址，南眺秦岭高冠瀑布，东临三星城和高新区，地理位置优越。

该项目**充分挖掘本区域历史文化资源，按照生活、工作、休闲"三位一体"的第三代城区发展理念，依托良好的区域生态资源、产业环境，将项目定位为"一区、三大中心"。**"一区"即西安国际休闲商务文化区，"三大中心"即国际休闲商务中心、国际科技交流中心、国际品质生活中心。按照"意象沣河、生态低碳、多元混合"的规划理念，规划了"一轴、一环、七大功能板块"的空间结构。

"一轴"即沣河休闲景观轴，"一环"即低碳交通景观环，"七大功能板块"即国际社区生态板块、国际休闲商务板块、沣河国际小镇板块、国际科技交流板块、乡村文化体验板块、历史文化风情板块、国际休闲度假板块。

鸟瞰图

主要经济技术指标

用地面积：1 430.91万平方米

1区用地面积：188.78万平方米

2区用地面积：126.77万平方米

3区用地面积：92.91万平方米

4区用地面积：74.39万平方米

5区用地面积：328.74万平方米

6区用地面积：116.94万平方米

7区用地面积：207.46万平方米

8区用地面积：178.96万平方米

9区用地面积：114.70万平方米

总建筑面积：1 791万平方米

1区建筑面积：453万平方米

2区建筑面积：279万平方米

3区建筑面积：139万平方米

4区建筑面积：179万平方米

6区建筑面积：117万平方米

7区建筑面积：228万平方米

8区建筑面积：143万平方米

9区建筑面积：252万平方米

平均容积率：1.25

1区容积率：2.4

2区容积率：2.2

3区容积率：1.5

4区容积率：2.4

6区容积率：1.0

7区容积率：1.1

8区容积率：0.8

9区容积率：2.2

总户数：44 194

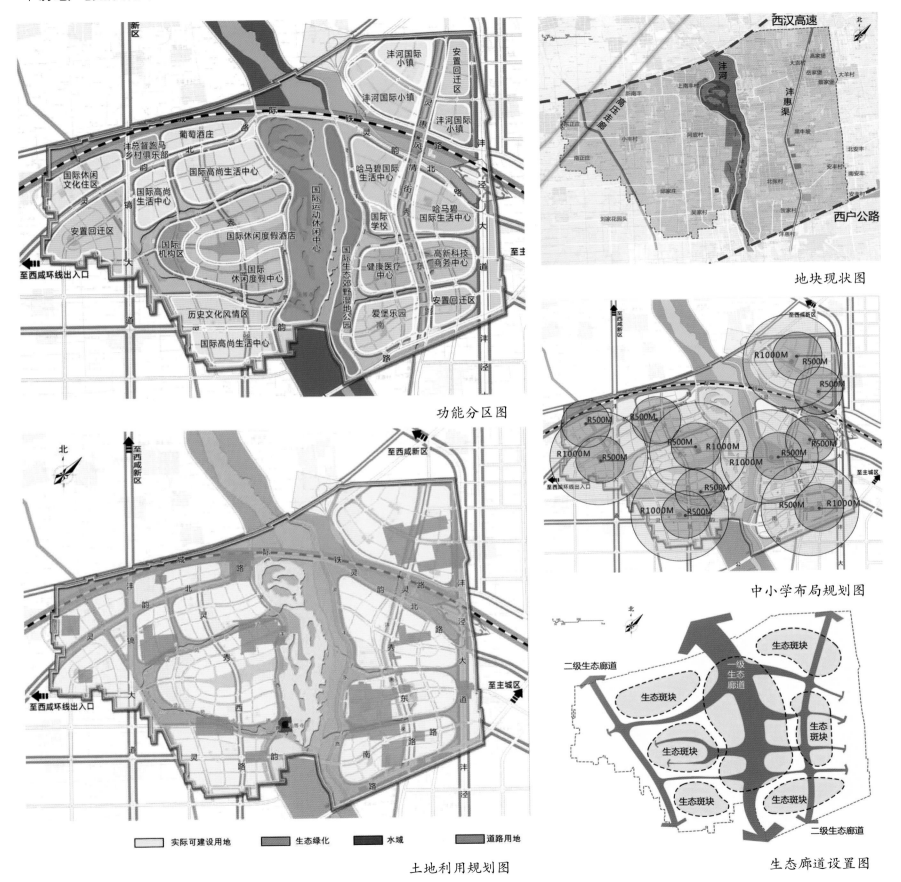

功能分区图

地块现状图

中小学布局规划图

土地利用规划图

生态廊道设置图

西安国际社区湿地公园区位图　　　　　　　　　　　防洪措施图

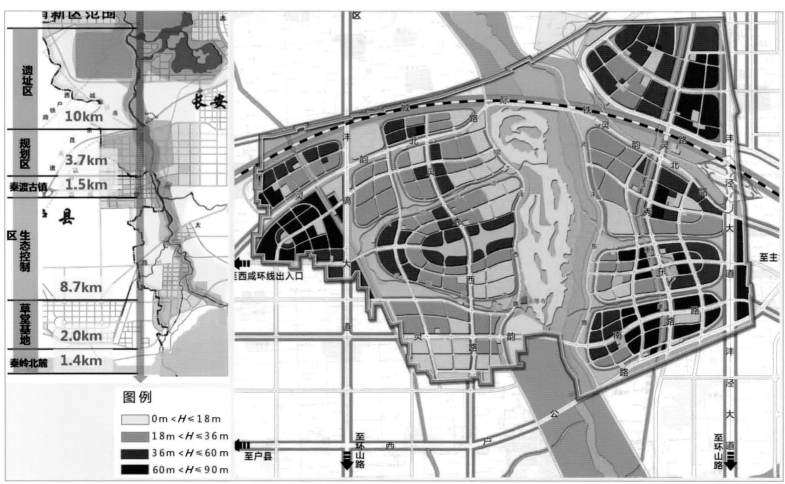

建筑高度控制图

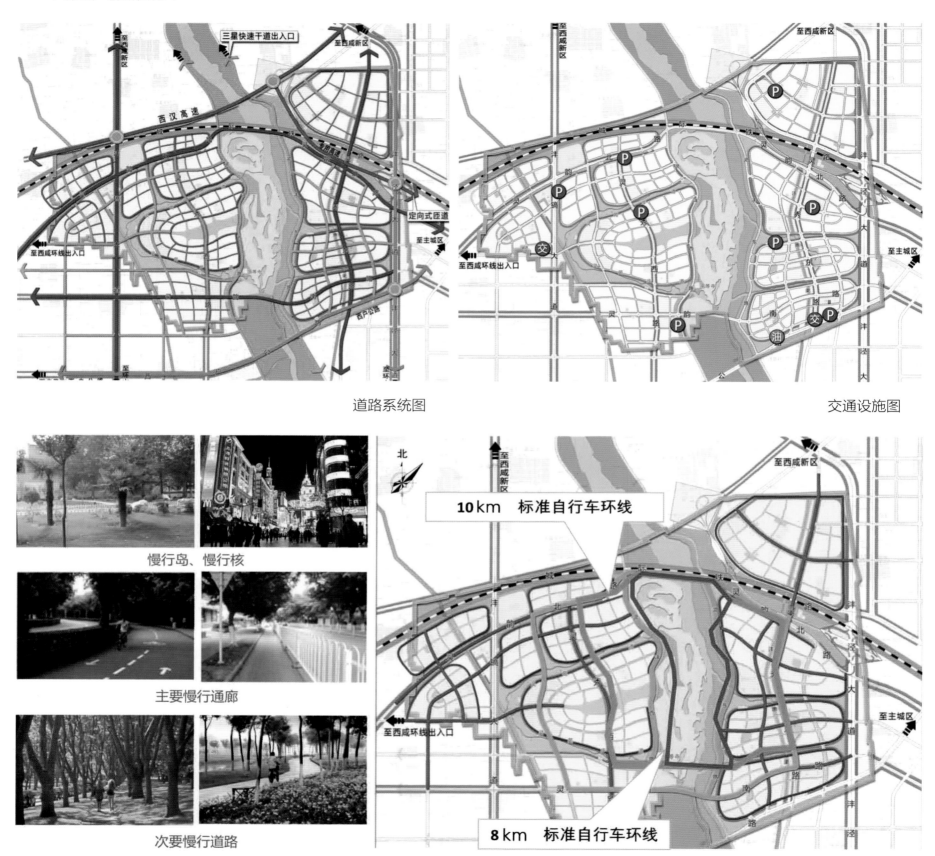

道路系统图

交通设施图

慢行岛、慢行核

主要慢行通廊

次要慢行道路

10 km 标准自行车环线

8 km 标准自行车环线

慢行交通图

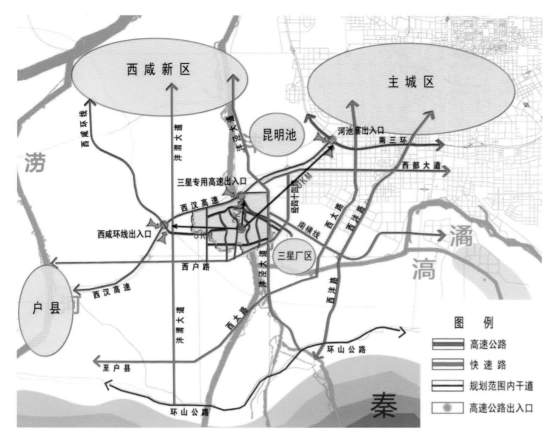

对外交通图

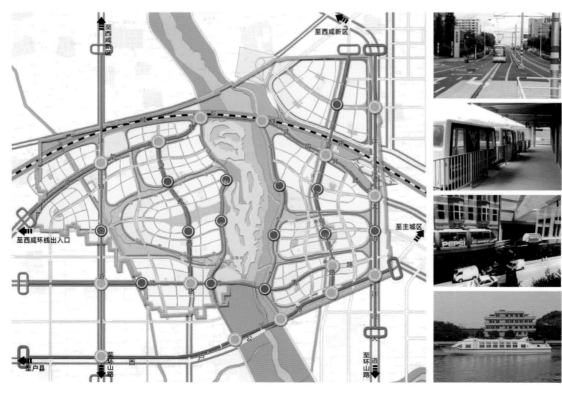

公共交通图

专家点评

1. 该项目占地18平方千米，属于一个新城的规划。此规划能从大的生态环境入手，根据现有资源，与防灾规划相结合，科学、合理地规划了一个集生活、科技、休闲娱乐、农民安置、与国际接轨及和谐于一体的高新区，是独特的城乡统筹典范。

2. 该项目首先从生态、防灾的高度对18平方千米的大区域，利用生态通廊的理念进行了合理划分，然后在大区域内将对内交通和对外交通进行研究组织，保证了大格局的合理性，在此基础上进而确定用地性质及空间形态，规划思路和方法是高水平的、科学和严谨的，是大区域规划样本。

3. 该项目贯彻"新城镇规划"的设计原则，合理安置当地农民，做到了城乡的统筹，产城的融合，设计深度及成果翔实、深入，既有远景的总体规划和专项规划，又有近期的修建性规划，可以直接落地。

4. 规划内容以生态为基础，构建了低碳交通环境，土地利用集约，发展了智慧城市，在绿色建筑和绿色住区的建设和规划方面做到了不断创新。

济南·高新万达广场

开发单位：济南高新万达广场置业有限公司

建筑设计：上海联创建筑设计有限公司

景观设计：宝佳丰（北京）国际建筑景观规划设计有限公司

⊙ 项目概况

　　"济南·高新万达广场"项目位于济南市工业南路北侧，会展东路东侧，康虹路南侧及规划路西侧。北侧为盛世花城、明湖白鹭郡等生活社区，南侧为工业南路，西侧紧邻国际会展中心，东侧为中齐未来城项目。

　　该项目总占地214亩（1亩=666.67平方米），总建筑面积约84万平方米，包括21万平方米的大型国际购物中心，5.6万平方米室外金街商铺，12.6万平方米精装SOHO公寓，12万平方米5A甲级写字楼和28.7万平方米高档住宅。

　　济南高新万达广场是高新区的第一个城市综合体项目，不仅弥补了现在的城市空白，也将给东城发展注入新的动力，给居民带来全新的生活方式及一站式的国际商业航母，也将吸引大量客流、物流、财流的到来。

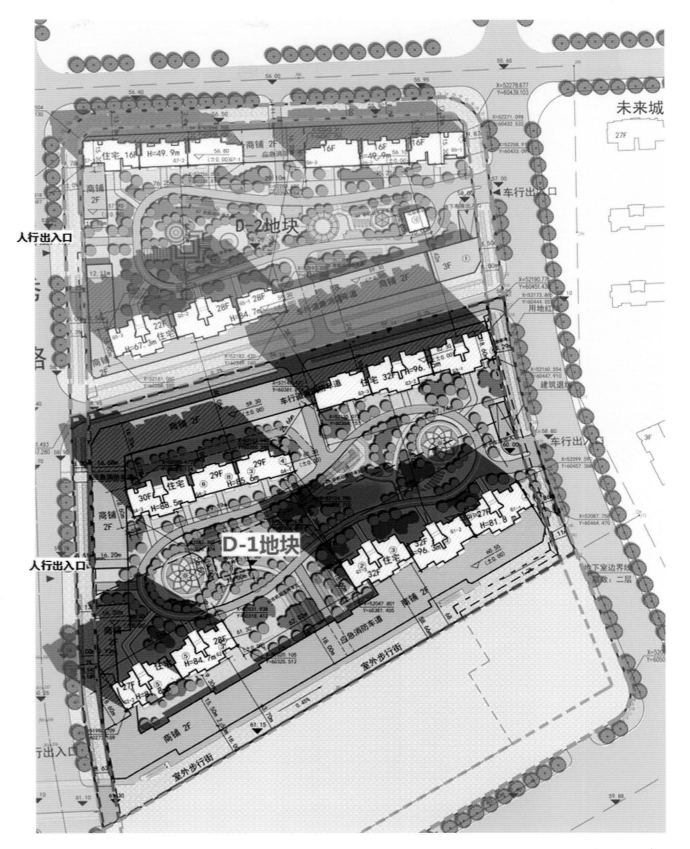

总平面图

鸟瞰图

立体效果图1

▶ 主要经济技术指标（D地块）

总用地面积：62 221平方米

地上总建筑面积：210 360.11平方米

　　住宅建筑面积：175 570.28平方米

　　配套公建面积：3 519.58平方米

　　住宅架空面积：1 351.04平方米

　　商业商务建筑面积：29 919.21平方米

地下总建筑面积：114 790.66平方米

容积率：3.39

建筑密度：30%

绿地率：25%

总户数：1 498

机动车停车位：1 887个

非机动车停车位

　　住宅停车位：1 498个

　　商业停车位：1 560个

立体效果图2

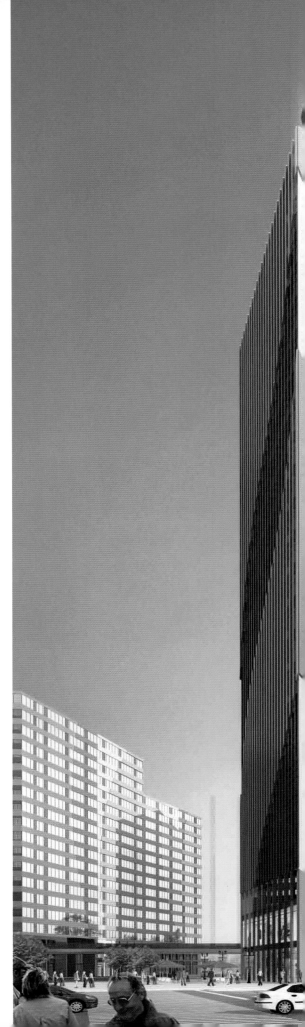

⊙ 专家点评

1. 该项目位于济南市工业南路北侧，其规划结合城市区域特点，努力创造一个具有浓郁历史文化精神，集文化、艺术、购物、居住、休闲、时尚于一体的城市综合体。园地面积6万多平方米，总建筑面积21万平方米，地段分成两部分。

2. 在空间布局中坚持以人为本，考虑可达性、便捷性及舒适性，交通系统清晰，园林布置集中，周边底商将小区围合，形成安静的小区环境。

3. 户型以两居室和三居室为主，两梯四户，中间户可以通风，提高了舒适度。

4. 绿地园区，因高层住宅楼栋拉开了空挡，能有较好的日照，对北方地区十分有益。

5. 立面线条挺拔，色彩适宜。

立体效果图3

創新風暴
Innovation Storm
国际房地产
创新典范

宁波·银亿·都会国际

开发单位：宁波富田置业有限公司
规划设计：DC国际建筑设计事务所
建筑设计：宁波市城建设计研究院有限公司
景观设计：棕榈园林股份有限公司上海分公司

总平面图

▶ 项目概况

"宁波·银亿·都会国际"项目位于宁波市鄞州区石碶街道，东到雅戈尔大道，南为鄞州大道，西到规划道路，临近机场路高架，北为万成路，现为工业区、村庄及空地。正处于轻轨2号线鄞州大道站出入口，距离鄞州中心区——万达商圈和南部商务区商圈约5千米。

该项目总用地面积为65 013平方米，其中B地块用地为46 080平方米，C地块18 933平方米。B地块用地性质为居住用地，适建多、高层住宅建筑及其配套设施。设计建筑使用性质包括住宅，商业和幼儿园。C地块适建商业及办公。

鸟瞰图

▶ 主要经济技术指标

总用地面积：46 080平方米

总建筑面积：131 985平方米

地上建筑面积：91 985平方米

住宅建筑面积：88 332平方米

配套建筑面积：2 431平方米

商业建筑面积：1 222平方米

地下建筑面积：40 000平方米

容积率：2.00

建筑密度：30%

绿地率：30%

机动车停车位：924个

地上停车位：154个

地下停车位：805个

非机动车停车位：1 578个

景观规划图

入口景观图

中心景观图

入口景观图

区域景观图

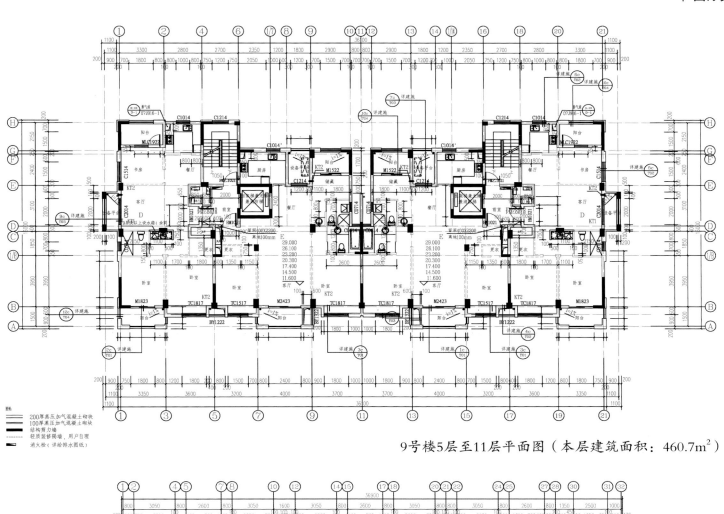

9号楼5层至11层平面图（本层建筑面积：460.7m²）

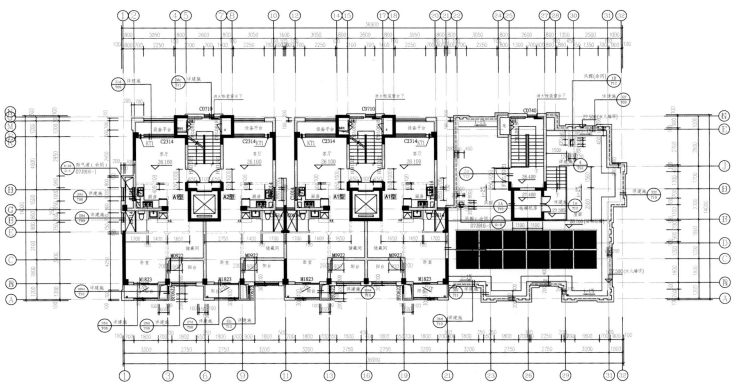

13号楼10层平面图1:100

▶ 专家点评

1. 规划设计方面：功能布局总体上结构清晰，充分考虑了基地的现有条件，交通系统采用人、车混行方式，机动车的地下车库入口位置合理，住宅沿C地块周边布置，尽力在住区内部创造集中的绿地景观。B地块南部底商与C地块互相呼应，便于形成良好的商业氛围，住宅的布局考虑了朝向、高架桥影响、天际线等因素。

2. 住宅设计方面：户型设计多样（多达十几个户型），面积规模从60平方米至140平方米，适合多种人群需求，高层采用南北板式布局，一梯两户采光、通风整体上较好。

3. 套型内功能分区明确，尺度基本适宜，交通面积集约，明厨明卫，南向布置了观景阳台，阳台上设置了孔洞。

4. 住宅外立面采用三段式布局，色彩稳重，协调，无过多装饰，符合居住建筑的立面设计理念。

西安·紫薇·公园时光

开发单位：西安紫薇地产开发有限公司

规划设计：深圳市开朴建筑设计顾问有限公司

建筑设计：深圳市开朴建筑设计顾问有限公司

景观设计：上海罗朗景观工程设计有限公司

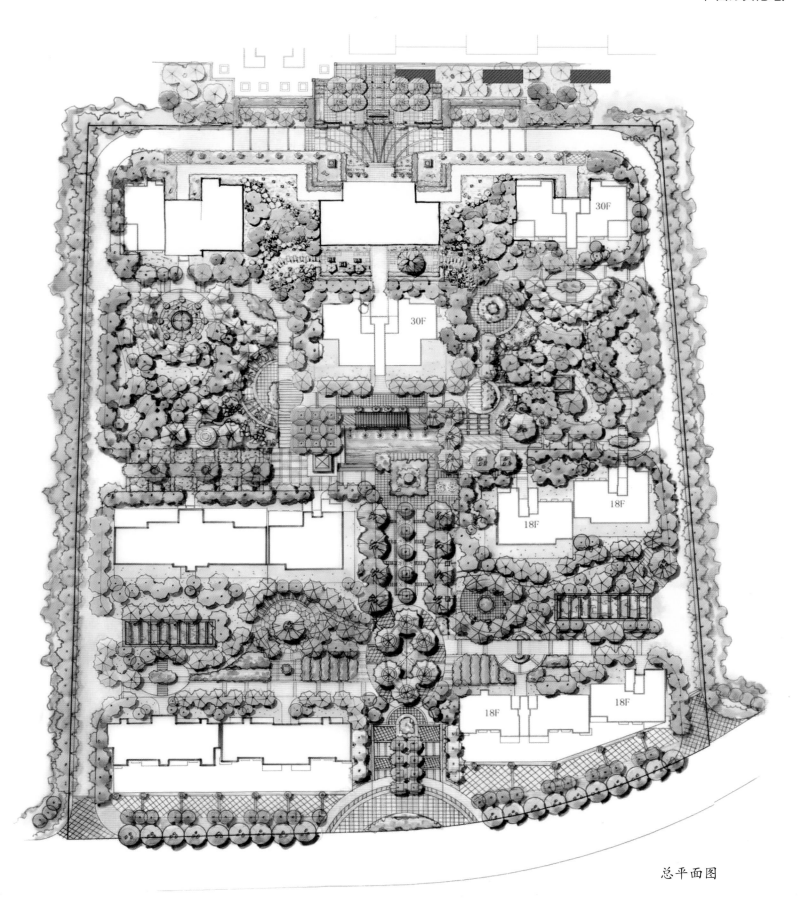

30F

30F

18F

18F

18F

18F

18F

总平面图

鸟瞰图

▶ 项目概况

　　"西安·紫薇·公园时光"项目位于西安市高新区唐延路以东500米,木塔寺遗址公园内。其景观优良,资源稀有,市政配套成熟,交通便利,是开发住宅的上乘之地。

　　该项目立足于周边城市公园的整体空间,除了将公园最大限度地引入社区之外,在社区内部同样强调专属园林的风格特征。

　　该项目定位为"城市豪宅",打造全新的处于闹市之中、交通便利、闹中取静的新豪宅概念。设计、建造、景观、服务都体现出豪宅的尊贵性、私密性、独享性。建筑风格为古典主义。

主入口透视图

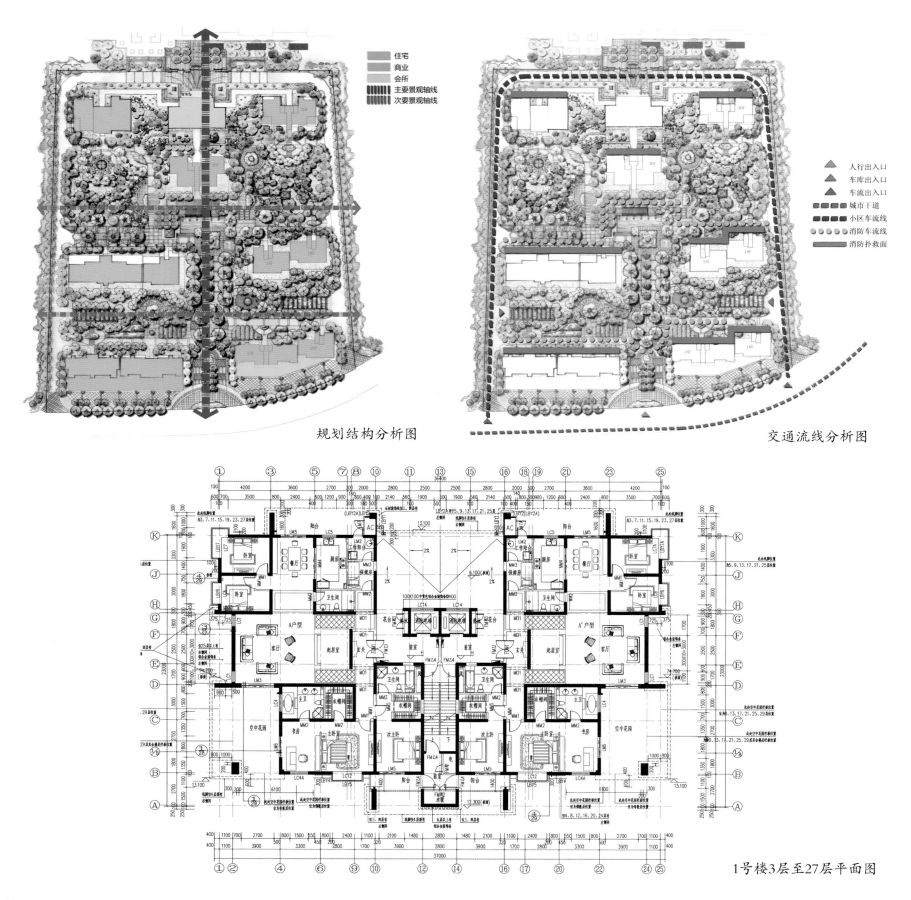

规划结构分析图

交通流线分析图

1号楼3层至27层平面图

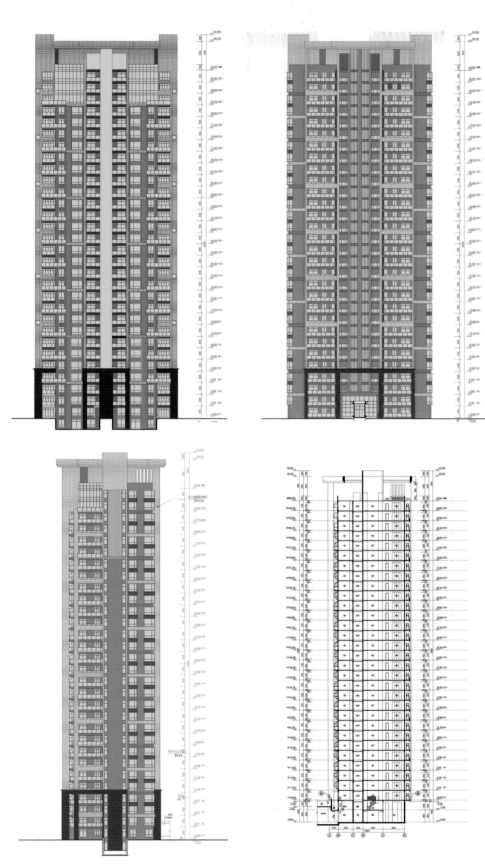

1号楼立面图

▶ 主要经济技术指标

总用地面积：31 800平方米

商业用地面积：4 181.53平方米

其他物业用房：511.47平方米

总建筑面积：120 246.61平方米

　　住宅建筑面积：93 839.32平方米

　　地上总建筑面积：100 642.42平方米

　　地下总建筑面积：19 604.19平方米

容积率：3.16

建筑密度：19.4%

绿地率：40.0%

居住户数：346

机动车停车位：492个

　　地上停车位：43个

　　地下停车位：449个

▶ 专家点评

区内作外围道路，住宅布置通风、采光良好，环境布局尚能做到均好性。

住宅功能及空间利用合理。

绿化

立体绿化

透水路面

阳台绿化

外墙

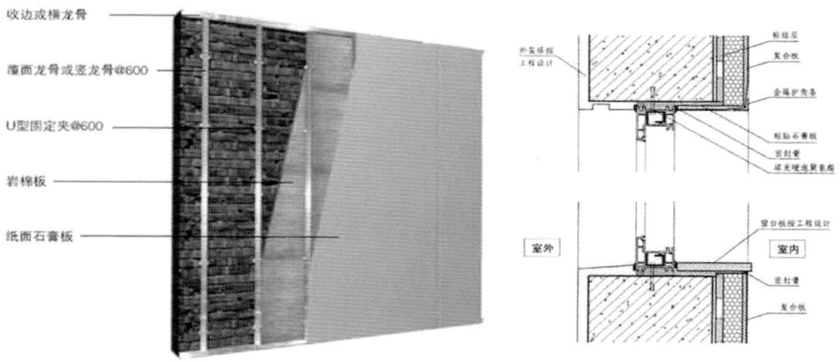

外墙内保温

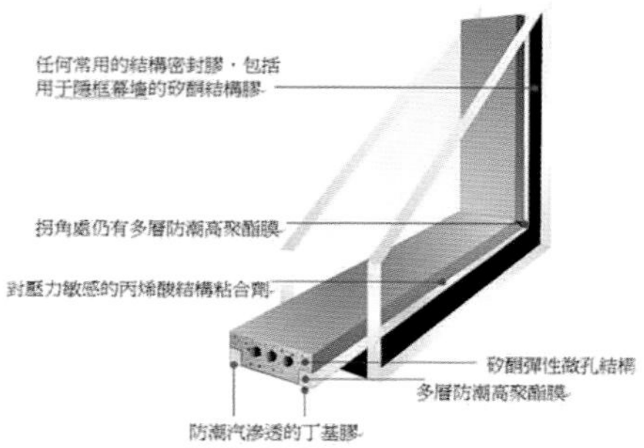

中空玻璃双道密封系统

能源

太阳能

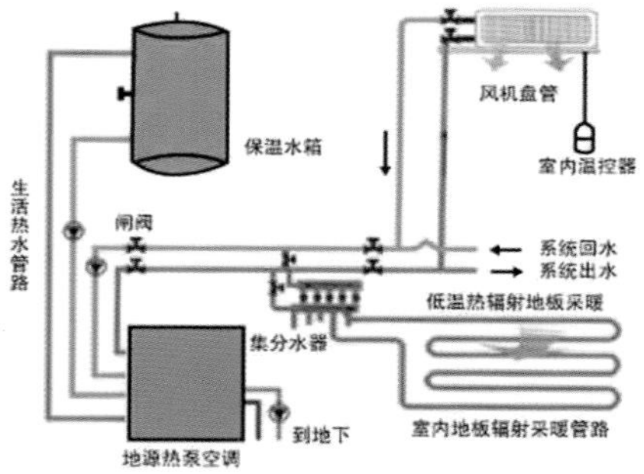

地源热泵

节水

人工湿地

雨水回收

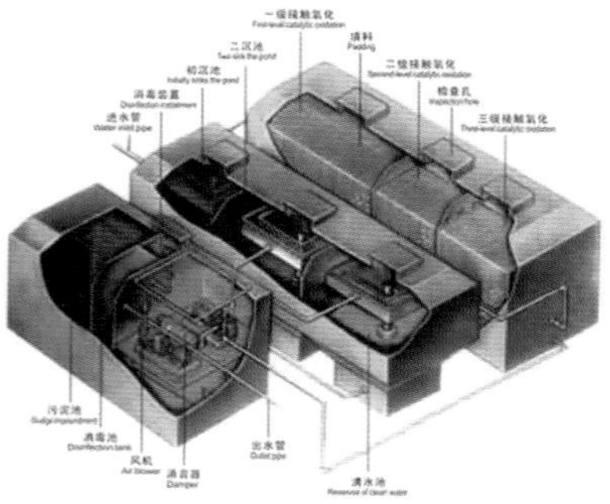

中水净化

构造

部品化

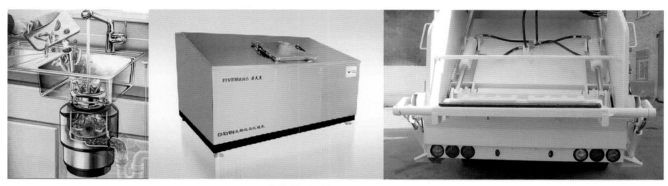

垃圾

生物降解垃圾处理　　　　　　生物压缩处理

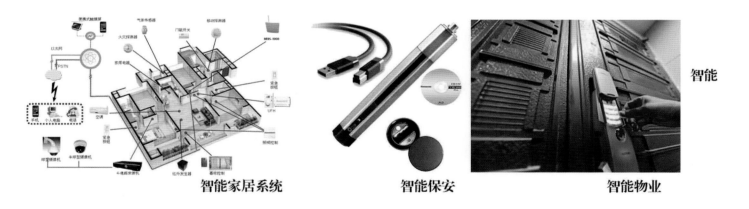

智能

智能家居系统　　　　智能保安　　　　智能物业

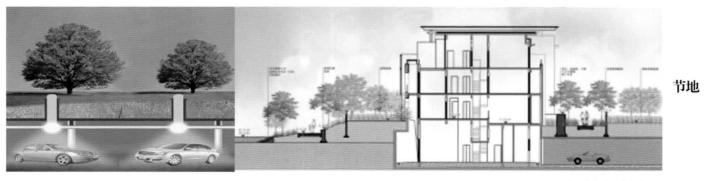

节地

地下空间应用

长沙 · 绿地 · 海外滩

开发单位：绿地地产集团长沙置业有限公司
规划设计：上海一砼建筑规划设计有限公司
建筑设计：上海一砼建筑规划设计有限公司

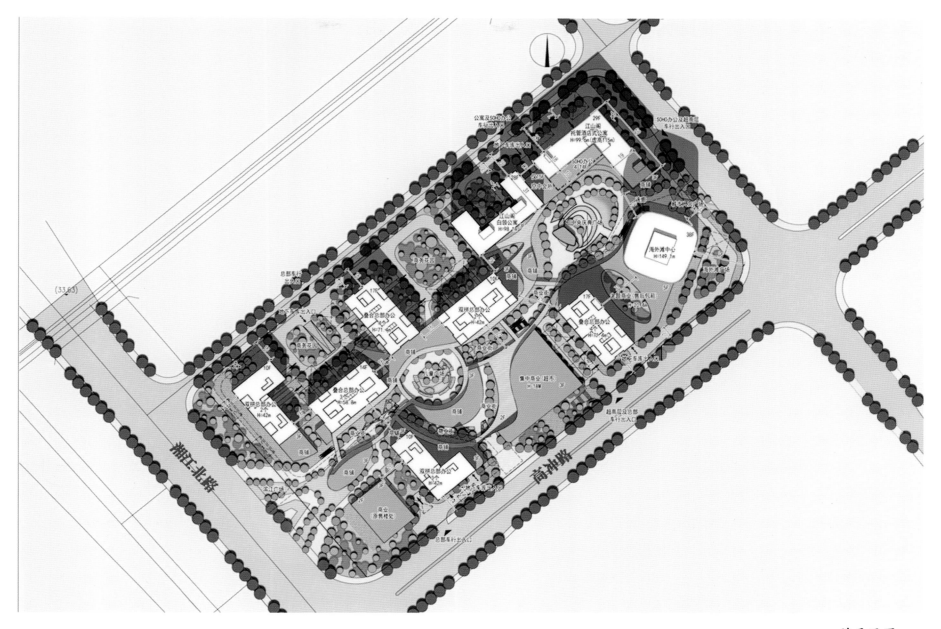

总平面图

▶ 项目概况

"长沙·绿地·海外滩"项目位于长沙市北，湘江北路与高冲路交会处的东北角，位列城市名片湘江沿岸，占领稀缺水资源，前拥最美一线江景，面朝月亮岛，背靠道家72福地之一的鹅羊山，真正的"山、水、洲、城"，周边别墅群环绕，属于城市高端群体生活区版块。

该项目容纳总部办公、酒店公寓、顶级商业（近30万平方米超大商业商务体量），成就一站式都市生活体验。

鸟瞰图

⊙ 主要经济技术指标

总用地面积：64 516平方米

总建筑面积：391 707平方米

总计容建筑面积：297 586平方米

总部办公面积：90 695平方米

超高层办公面积：69 700平方米

SOHO办公面积：25 165平方米

白领公寓面积：30 900平方米

托管式酒店公寓面积：27 365平方米

出售型商业面积：31 892平方米

售后包租型商业面积：14 153平方米

无产权集中商业面积：7 716平方米

地下不计容建筑面积：94 121平方米

容积率：4.61

总建筑密度：40%

绿地率：30%

机动车停车位：2 322个

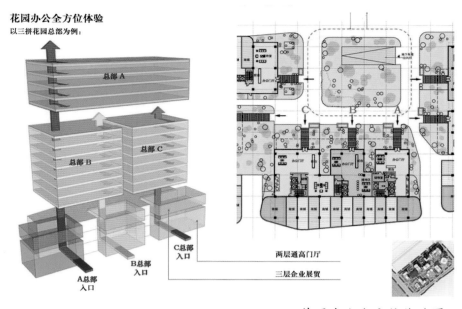

花园办公全方位体验

以三拼花园总部为例：

总部 A

总部 B

总部 C

C总部入口

B总部入口

A总部入口

两层通高门厅

三层企业展贸

花园办公全方位体验图

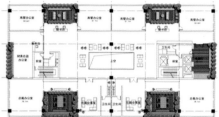

花园总部办公屋顶总裁花园图

花园总部办公楼整体形象图

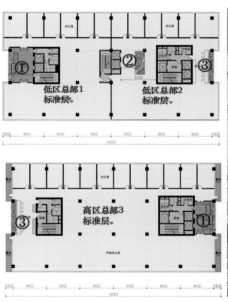

低区总部1标准层

低区总部2标准层

高区总部3标准层

室内花园系统图

▶ 专家点评

1. 该项目属于在一个新的城市发展区域，结合城市新区功能定位和城市轨道交通发展机遇而开发的商务办公综合体。方案从城市总体规划和地域发展趋势出发，从可持续发展的高度出发，规划布局合理，功能齐备，交通方便，环境宜人。注重功能和空间的复合性。空间层次在协调中求变化，各种空间要素之间的相互关系有机而丰富。并应用了很多新的技术和材料，有效提高了该项目的品质。

2. 群体建筑空间丰富，体型高低错落，城市形象和天际线较为优美。

3. 在一个统一规划建设的项目中，形成了相互协调同时又各具特色的立面形态、表皮质感和色彩设计，使该项目具备创新的整体风貌。

4. 创新性地设计了叠拼式的花园总部办公的组织形式，结合入口花园、专属交通和空中花园，形成了特色的总部办公形式。

5. 售楼处结合独栋商业改建而成，避免了因拆除重建而造成的浪费，值得推广。

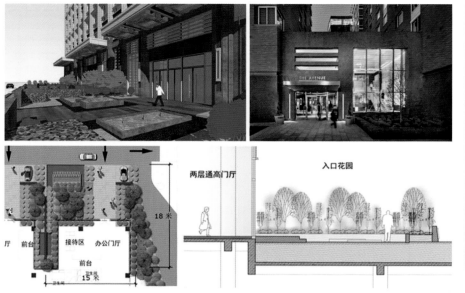

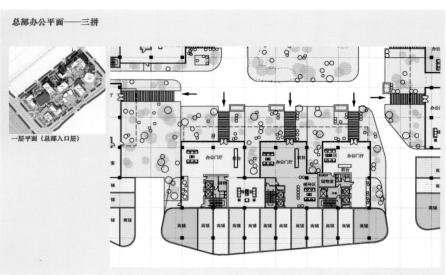

总部办公平面——三拼

户外景观系统　企业商务花园入口图

商业一层平面图

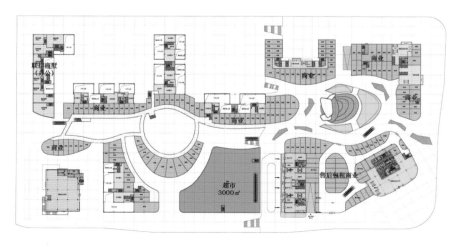

商业二层平面图

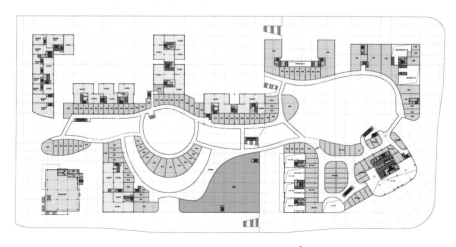

商业三层平面图

金地·仟百汇

开发单位：东莞市金地房地产投资有限公司

规划设计：HMA（上海广万东建筑设计咨询有限公司）、深圳市筑道建筑工程设计有限公司

建筑设计：HMA、深圳市筑道建筑工程设计有限公司

景观设计：TOM（诺风景观设计咨询（上海）有限公司）、深圳市柏涛环境艺术设计有限公司

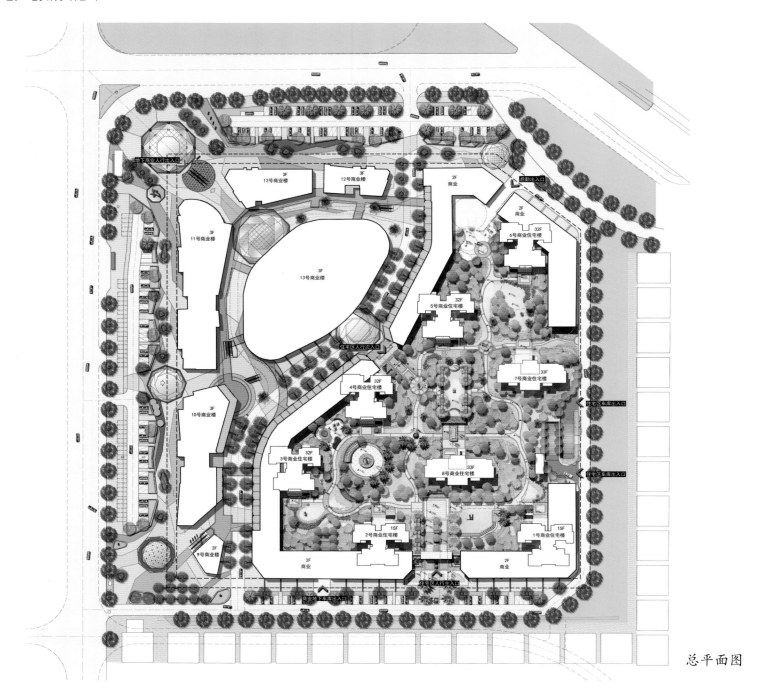

总平面图

▶ 项目概况

　　"金地·仟百汇"项目位于东莞市塘厦中心区，地处宏业北路与林电路交会处，交通便利，周边配套较成熟。

　　该项目规划设计为2栋15层高层住宅楼，6栋32~33层高层住宅楼，2~4层商业街，地下为超市、一层停车场及设备用房。

　　该项目为充分挖掘项目30%的商业价值，邀请知名国际设计团队HMA精心设计，采用开放式街区的模式，充分运用金地集团对社区型商业的研究成果，同时注重住宅与商业的互动关系，并选用绿色环保的工艺、材料，打造出符合当地经济发展水平和需求的"城市客厅"。

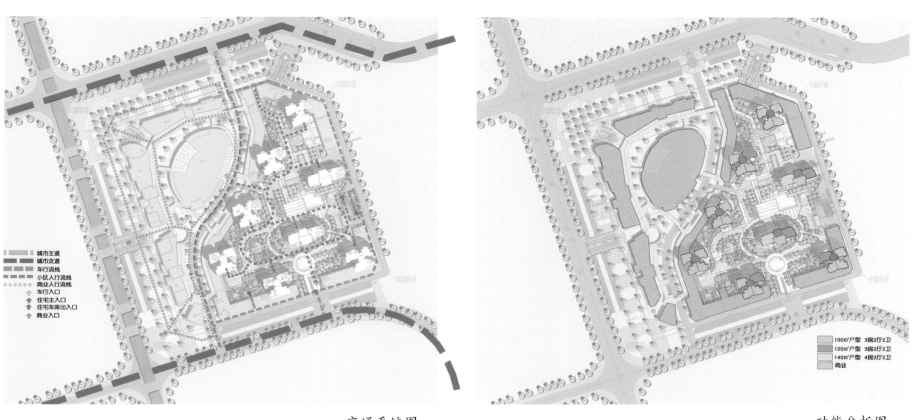

交通系统图

功能分析图

鸟瞰图

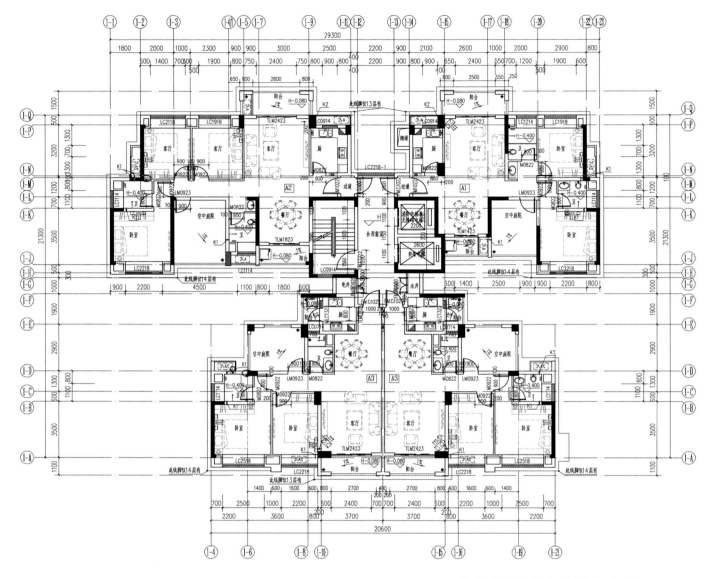

1-2号商业住宅楼标准层平面图1：100

▶ 主要经济技术指标

规划总用地面积：49 322.9平方米

总建筑面积：159 956.809平方米

计容建筑面积：123 262.561平方米

住宅面积：85 364.332平方米

商业面积：36 338.129平方米

其他面积：1 560.100平方米

不计容建筑面积：36 694.248平方米

地下建筑面积：32 454.208平方米

其他面积：4 240.040平方米

容积率：2.499

建筑密度：41.618%

绿地率：30.638%

居住户数：799

停车位：704个

90平方米以下住宅套型所占比例：70.068%

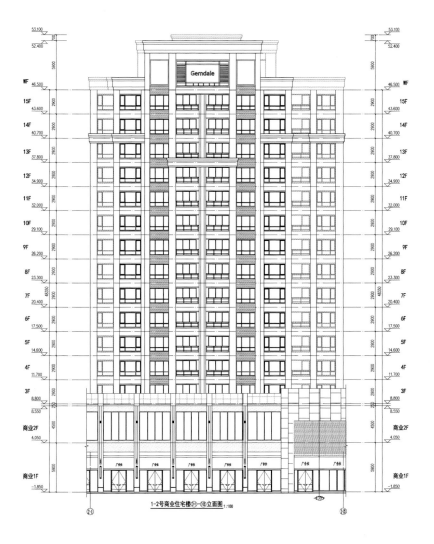

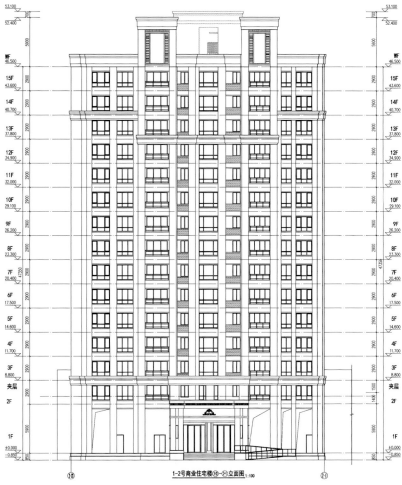

1-2号商业住宅楼立面图

专家点评

1. 该项目位于东莞市塘厦镇林村社区，交通便利，地块三面临城市道路，通达性好，地块西侧宏业北路人流量大，商业价值较高。该项目设计目标为，依托塘厦镇中心区，打造一个高品质的复合型现代宜居社区，成为中心区充满生活魅力和城市活力的集购物、休闲、娱乐和居住为一体的城市型社区。

2. 该项目结合规划理念和周边特征，对区位、地产和市场进行了深入研究，功能分区明确合理，西侧布局综合商业用地，东侧布置了住宅用地。商业街区沿宏业北路展开，商业主街入口位于宏业北路和中心路，并通过广场、内街等增加街道的空间吸引力，全面的生活设施建设和多样的休闲空间配置为城市和社区居民提供了高品质的居住生活环境。

3. 该项目住宅街区部分，力求街区生活的"闹中取静"，强调舒适、安静的居住氛围。8栋18~33层点式住栋布局彼此之间错落形成围合式院落，使住户既有归属感，又可充分享受内部园林景观空间。

4. 小区实行人车分流，保证了住宅街区内的居民户外空间的安全性。

5. 住宅套型设计功能合理，设计精细，类型多样，满足了多样需求，户型通风较好，空中庭院的设置适合当地的气候特征。

6. 建筑外观力求突出城市特色和标志性，以展现城市高品质住区的风貌。立面设计精致，底部采用石材，耐久性好。整体来看建筑下部的细部推敲细致，与建筑上部简约的型体有良好的对比，也形成了丰富的城市天际线。

7. 大规模的社区性商业设计，业态丰富，生活服务配套与城市公建设施有机结合，既挖潜了商业价值，又满足了居民生活需求。

太原 · 万达公馆

开发单位：太原万达广场有限公司

规划设计：太原市城市规划设计院

建筑设计：华通设计顾问有限公司

中旭建筑设计有限责任公司

北京华雍汉维建筑咨询有限公司

景观设计：上海奥斯本景观设计有限公司

上海帕莱登建筑景观咨询有限公司

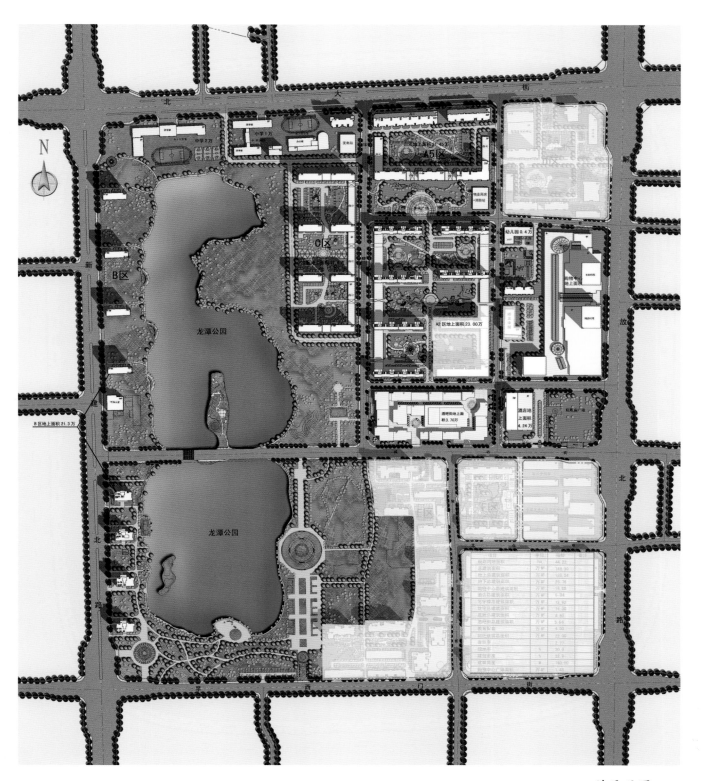

总平面图

项目概况

"太原·万达公馆"项目位于太原市老城区的核心区域，紧邻内城水系的"龙眼"龙潭公园东侧，雄踞太原古城西北角。北部为北大街，西部临新建路，东部紧临解放北路，南部至旱西门街，规划总用地面积112.36万平方米。

该项目位于太原市主城区内，距离省政府约0.05千米，距离市政府约0.85千米，距离太原火车站约3.5千米，距离武宿机场约14.95千米，交通便利。

该项目四周主要以居住区为主，北侧为胜利街居住片区，南侧为半坡街居住片区，西侧为旱西关居住片区。其中规划区西侧有太原冶金工业学校、太原市第十二中学、新建路小学，紧临太原市第四中学、杏花岭区政府等；北部有太原市第三十一中学。四周的地产开发较成熟，基础设施比较完善。

鸟瞰公馆（早晨）

公馆倒影图

夜景俯视图

▶ 主要经济技术指标

总用地面积：50.85万平方米

总建筑面积：153.62万平方米

地上建筑面积：126.16万平方米

地下建筑面积：27.46万平方米

容积率：2.85

建筑密度：23%

绿地率：28%

居住户数：742

机动车停车位：1 079个（地下）

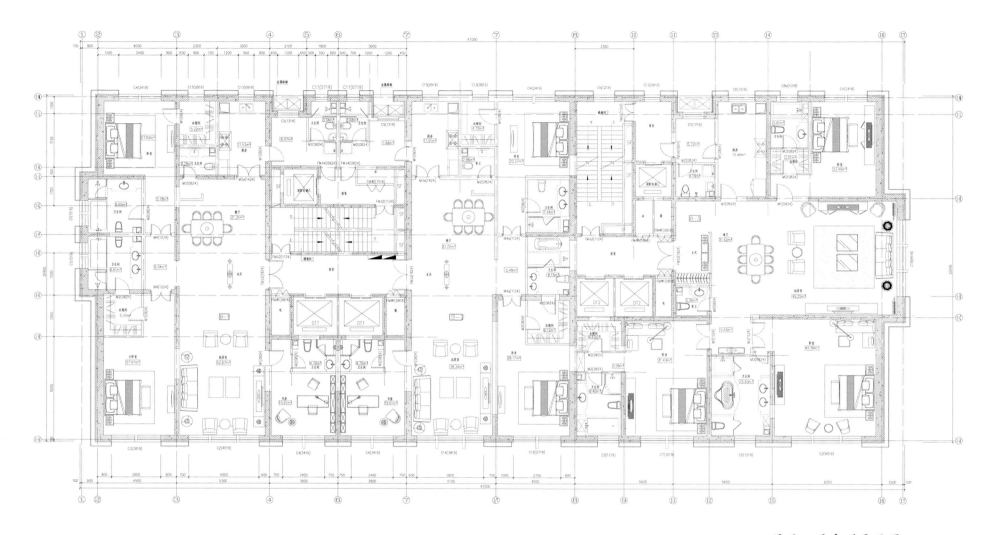

9层至18层户型平面图

⊙ 专家点评

1. 该项目是太原市的旧城改造项目，位于老城区的核心区域，位置十分重要。该规划从城市总体功能的需求出发，分析了项目周边的环境、交通、生态和城市设施的现状，为打造和提升城市中心的功能提交了较好的规划方案。

2. 尊重城市传统和原有的城市肌理，以街区的形式组织居住院落，既保证了老城区的路网密度和街区的繁华，又优化了居住院落的幽静和安全的环境，使得住区和城市有机融合，体现了开放社区的设计理念。

3. 进一步优化美化了城市空间。规划充分利用现有景观龙潭湖公园资源，加大了其公共性和开放性，使之成为城市的有机组成部分，大大提升了城市的品质，优化了城市居住环境。

4. 规划还体现了资源共享的设计理念，能主动把原本属于院落的绿地组织到城市空间中来，将其设计成了城市广场。这样的设计不会影响住区环境，但对丰富城市的公共空间会起很大作用，使得城市环境更加美丽和舒适。这一做法是值得认真学习和提倡的，城市大环境好了，住区才会更好。

5. 该项目完善和提升了原有中心城的功能，补充了学校、幼儿园和大型商业广场、酒店和写字楼等城市综合体，提高了城市的档次，更方便了居民生活，对城市现代化作出贡献。

众美·青城

开发单位：众美城（天津）房地产开发有限公司
规划设计：天津市天友建筑设计股份有限公司
建筑设计：天津市天友建筑设计股份有限公司
景观设计：中外园林建设有限公司

⊳ 项目概况

　　"众美·青城"项目位于天津市中新生态城内，地处中国国家发展的重要战略区域——天津滨海新区，毗邻天津经济技术开发区、天津港、海滨休闲旅游区，地处塘沽区、汉沽区之间，距天津中心城区45千米，距北京150千米，交通便利，生活环境优越，应用了天津中新生态城的衔接节能技术及前沿城市发展模式。

　　该项目位于天津市中新生态城04-02片区内，东至中央大道，西至中天大道，南至和顺路，北邻慧风溪，周边规划道路交通便捷，配套齐全，区域发展前景乐观。同时采用了雨水收集利用、太阳能集热系统、气力垃圾系统等技术，体现了绿色低碳、节能环保理念与建筑设计及建造的完美结合。

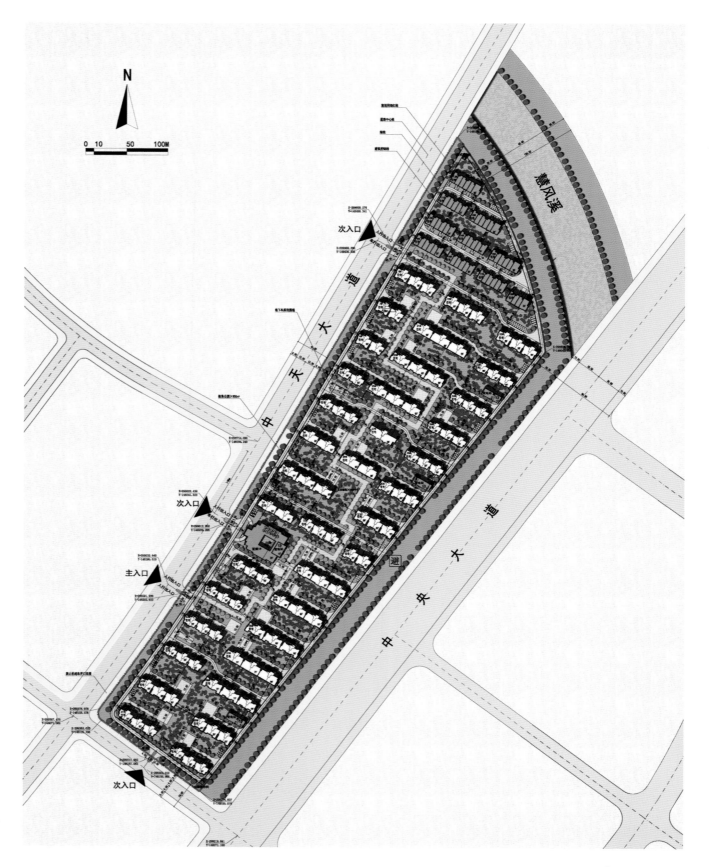

总平图

鸟瞰图

楼栋

联排别墅

米黄色涂料　　砖红色瓦片　　棕色涂料　　褐色真石漆

24号楼北立面图

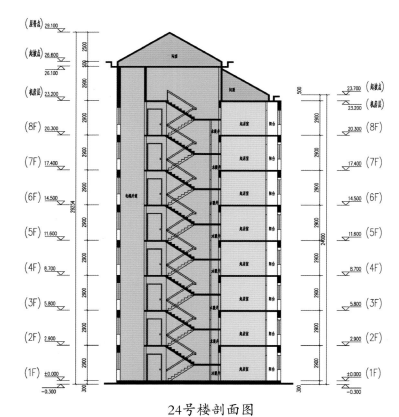

24号楼剖面图

▶ 主要经济技术指标

总用地面积：150 314.1平方米

总建筑面积：250 500平方米

地上建筑面积：183 000平方米

住宅总建筑面积：179 985平方米

公建总建筑面积：3 015平方米

地下建筑面积：67 500平方米

总户数：1 670

容积率：1.30

建筑密度：19.56%

绿地率：45.00%

机动车停车位：2 040个

地上停车位：138个

地下停车位：1 902个

非机动车停车位：2 210个

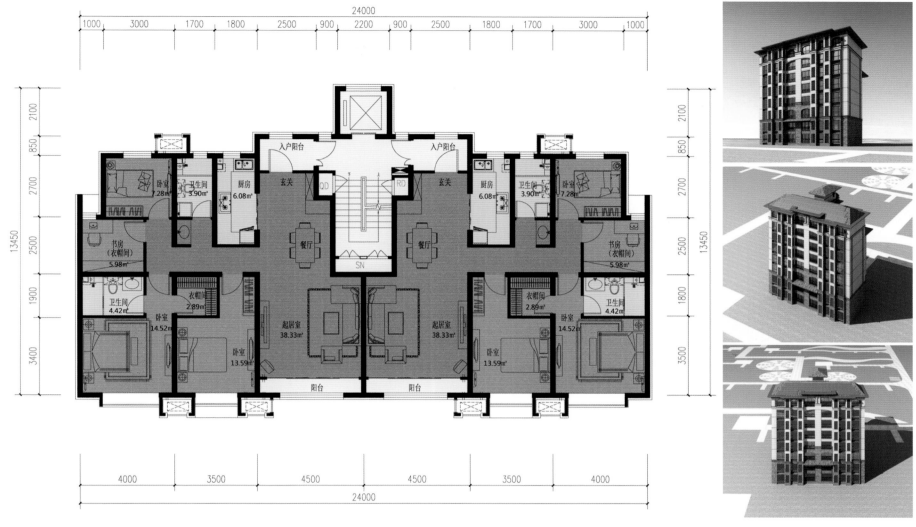

户型E标准层平面图

▶ 专家点评

1. 该项目东临中央大道，西靠中天大道，南临和顺路，北为慧凤溪，东与北侧为城市绿带，基地周围总体交通便捷，景观生态条件优越。

2. 规划根据基地地形、地貌特点，划分成规模相近的五个组团，尺度适宜，便于生活与管理。

3. 住区交通组织采用了人车分流系统，车行在外围，人行在住区中间，人车互不干扰，同时，车行出入口与地库相近，车流进入住区即入地库，避免了车行长时间在地面上流动，减少了尾气与噪声的污染。

4. 公建配套集中设置，布置于较适中位置，利于居民使用。

5. 环境景观设计以组团级空间绿地为主，配以各两栋住宅楼的

院落绿地，绿色空间丰富，绿地率高达45%，居民享受了绿色生态生活。

6. 住宅布局依据基地方位，主要朝向为南偏西，楼栋组合以2或3个单元拼接，长度适当，可获得较好的日照、采光和通风。住宅高度以中高层8层为主，北侧一组团为低层联排房，且不同的坡顶造型使天际线有一定变化。住宅套型设计功能分区清晰，空间尺度适宜，套型设有2~4室型，入楼有厅，入户有过渡空间，使用方便。此外，还设置了大平层套型为大家庭中的老人、孩子提供了无障碍条件。

7. 住区采用了一些绿色技术，如太阳能热水，市政中水利用，雨水入渗，垃圾及气体压力管道收集等。

长沙·绿地·新都会

开发单位：绿地地产集团长沙置业有限公司

规划设计：上海贝一建筑设计咨询有限公司

　　　　　杭州中联筑境建筑设计有限公司

建筑设计：上海贝一建筑设计咨询有限公司

　　　　　杭州中联筑境建筑设计有限公司

景观设计：上海迦和景观设计有限公司

总平图

项目概况

　　"长沙·绿地·新都会"项目位于长沙市雨花区环保科技产业园区，处于区域规划的金融商贸用地开发区的核心位置；周边规划为集居住、商贸、金融、酒店、写字楼办公为一体的开发新区；市政基础设施已经到位。项目临靠绕城高速路、京珠高速路，可快速到达机场及火车站，交通便捷；东靠万家丽路，西至支八路，北接环保大道，南临振华路；周边公交站点分布较多，适于步行通达，地铁5号线延长线沿万家丽路经过该项目。

　　该项目涵盖住宅、商墅和公建商办用地，分为三大区块，北侧主要以商办为主，南侧为住宅区块，商墅区块则以L形过渡并衔接上述两区块之间，三者之间形成了广场、商业、办公、商墅、住宅高低不同的空间层次和建筑风格。

▶ 主要经济技术指标

规划用地面积：106 993.85平方米

住宅区块用地面积：51 774.55平方米

商业区块用地面积：55 219.30平方米

总建筑面积：390 222.05平方米

住宅区块建筑面积：242 179.49平方米

商业区块建筑面积：148 042.56平方米

计容建筑面积：321 518.33平方米

住宅区块计容建筑面积：199 318.55平方米

商业区块计容建筑面积：122 199.78平方米

容积率：3.0

住宅区块容积率：3.85

商业区块容积率：2.21

总建筑密度：30.00%

住宅区块建筑密度：20.1%

商业区块建筑密度：39.28%

住宅区块绿地率：41.32%

总户数：1 959

机动车停车位：2 095个

地上停车位：165个

地下停车位：1 930个

中心广场鸟瞰图

高层住宅透视图

公寓西立面图

S1北立面图

▶ 专家点评

1. 该项目位于长沙环保科技产业园区，周边是居住、商贸、金融、酒店、写字楼办公为一体的开发新区，交通便捷，配套成熟，总用地面积10.7万平方米。

2. 规划设计方面：坚持可持续发展的思想，考虑以人为本、因地制宜的原则，该项目分成居住区和公建区两大部分。南侧为住宅区块和商墅区块，北侧为商业区块。住宅区以高层住宅为主，留出超大面积的花园景观，组团明确，具有较强的围合感。道路系统清晰，采用了人车分流的交通组织模式。公建区布局尽量考虑整体流线和分区使用，将办公、商业及后勤动线相对独立互不干扰，商业入口广场，能够有效吸纳和疏散人流，中间庭院水系形态丰富，聚人气，休闲气氛强。

3. 建筑设计方面：住宅区在建筑体量上，创造稳重、简约的风格，力争减轻高层建筑对人和环境的影响。商业、公建区、办公楼采用了现代密斯风格，以纯净形成和摸数构图为特征。低矮的商业街区则注意人性化设计，营造愉悦的商业气氛。

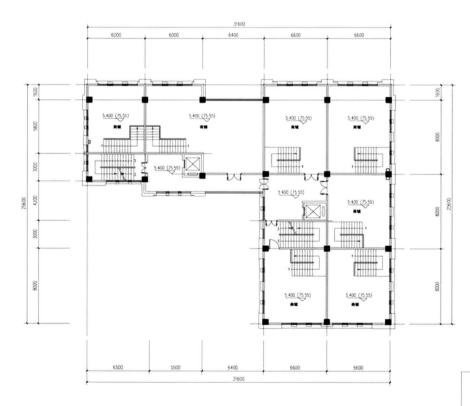

S1二层平面图

本层面积：521.30㎡   ▨ 幕墙系统(不为实墙)

成都绿地中心·蜀峰468

开发单位：绿地集团成都蜀峰房地产开发有限公司
规划设计：美国AS+GG建筑设计事务所
建筑设计：美国AS+GG建筑设计事务所
景观设计：美国SWA景观设计事务所

内部酒店大厅1

内部酒店大厅2

内部总裁大厅

◉ 项目概况

　　该项目位于四川省成都市东部的城市副中心，与地铁二号线洪河站无缝对接。该项目包括1栋468米超高层塔楼，地上建筑面积为21.4万平方米（内含天际会所4 000平方米，星级酒店5万平方米，CEO行政公馆4万平方米，超甲级办公12万平方米）；2栋150米副楼服务式公寓，地上建筑面积为7万平方米；裙楼设置为会议中心，地上建筑面积为2.5万平方米；精品商业1.1万平方米。

　　该项目打造成一个集甲级写字楼、国际会议中心、品牌商业、星级酒店、服务式公寓等于一体的大型现代服务业综合项目，其中主塔楼高度将达到前所未有的468米，这将是整个西南地区的第一高度。

　　以成都绿地中心为核心的大型城市超高层及综合体项目不仅对推动成都市的城东发展具有重要意义，对整个成都市的城市现代化水平，乃至对整个西部地区文化创意产业发展都必将产生积极而深远的影响，带来前所未有的新空间和新机会。

鸟瞰图

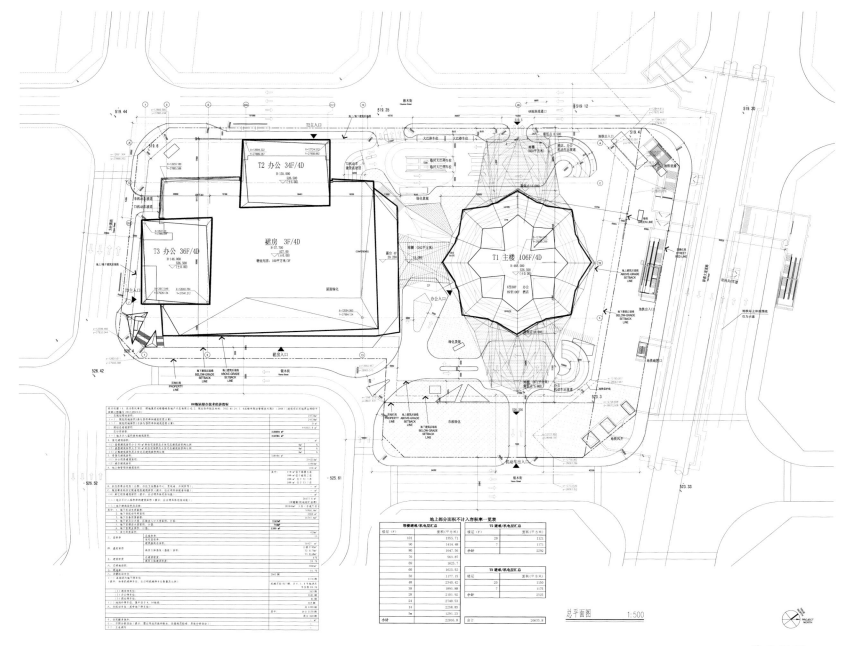

总平面图

主要经济技术指标

总用地面积：24 530平方米

总建筑面积：441 815.8平方米

总计容面积：318 890平方米

地上计容建筑面积：310 586平方米

地上不计容建筑面积：6 633.8平方米

地下总建筑面积：105 046平方米

容积率：13

建筑密度：43%

绿地率：16.7%

机动车停车位：2 045个

地上机动车停车位：469个

地下机动车停车位：1 576个

宁波·银亿·新世界

开发单位：宁波恒瑞置业有限公司

规划设计：中国联合工程公司

建筑设计：中国联合工程公司

景观设计：上海易境景观规划设计有限公司

总平面图

▶ 项目概况

"宁波·银亿·新世界"项目位于浙江省鄞州区洞桥镇中心，北临荷晓东路，东至鄞州银行上凌路，南面到现状农田（未来规划为章远东路），西面到洞欣路。项目距离洞桥镇中心直线距离约0.65千米，距鄞州中心区直线距离约15千米，距离宁波三江口直线距离约20千米。项目分为A、B、C三个地块，总用地面积46 646平方米，A地块为商业用地，B、C地块为居住用地，总建筑面积约78 478平方米。

鸟瞰图

▶ 主要经济技术指标

总用地面积：

    A地块：10 000平方米

    B、C地块：36 646平方米

    B地块：28 298平方米

    C地块：8 348平方米

总建筑面积：

    A地块：23 425平方米

    B、C地块：54 175平方米

    B地块：36 820平方米

    C地块：17 355平方米

地上总建筑面积：

    A地块：16 265平方米

B、C地块：49 455平方米

    B地块：36 820平方米

    C地块：12 635平方米

地下总建筑面积：

    A地块：7 160平方米

    B、C地块：4 720平方米

    C地块：4 720平方米

容积率：

    A地块：1.50

    B、C地块：1.19

    B地块：1.10

    C地块：1.50

商业效果图

小高层透视图

北入口透视图

沿街透视图

建筑密度：

    A地块：45.93%

    B、C地块：30.51%

    B地块：29.71%

    C地块：33.25%

绿地率：

    A地块：20.0%

    B、C地块：30.0%

居住户数：

    B、C地块：372户

    B地块：278户

    C地块：94户

机动车停车位：

    A地块：170个

    B、C地块：418个

景观分析图

▶ 专家点评

1. 该项目注重对城市的"融合"，通过对基地的分析，将居住部分与商业配套适度分离，商业北侧临街布置，居住南临城市绿地和水系布置，形成"闹中取静"的总体布局。注重建筑、环境、人的对话及和谐，力求形成"水、林、园、建筑"融为一体，和谐共生的居住形态，体现朴素的生态观。

2. 住宅架空停车库的做法，不仅能提供方便的停车位，改善人居环境；更加值得称道的是降低了投资及运营成本，总体能耗比普通的地下停车大为节约，是绿色生态设计的亮点之一。

3. 绿色生态设计的亮点有：

（1）采用被动式的设计理念，提高建筑本身的保温、隔热性能，强化绿色节能功能；

（2）自行车库设置在架空层；

（3）选用节水型卫生洁具、龙头；

（4）选用节能灯具；

（5）采用了结合当地环境及气候的设计。

福州·福晟·钱隆广场

开发单位：福晟钱隆广场（福建）商业管理有限公司

规划设计：株式会社 日建设计

建筑设计：上海建筑设计研究院有限公司

景观设计：棕榈园林股份有限公司

棕榈景观规划设计院

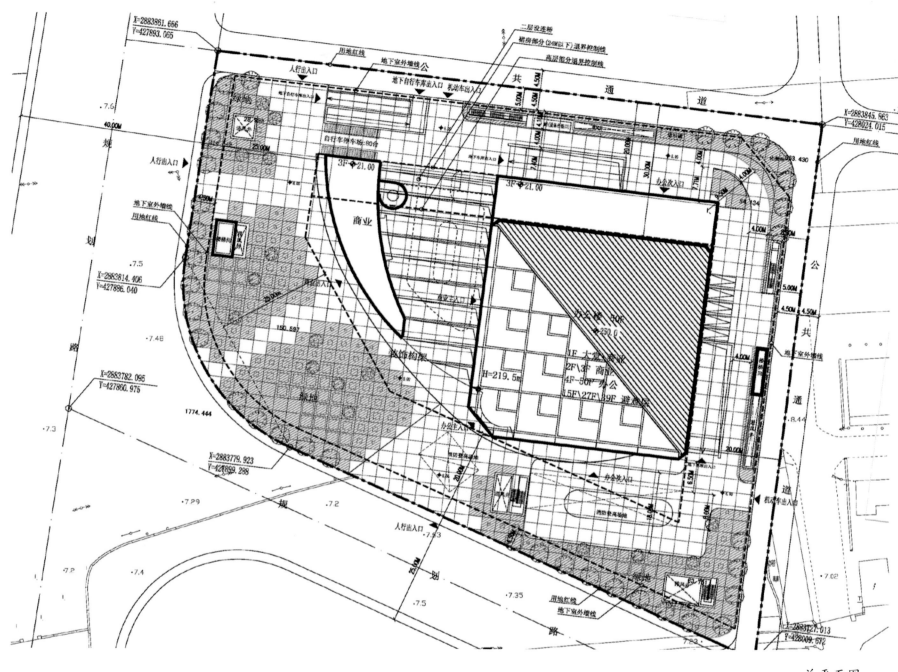

总平面图

⊙ 项目概况

　　"福州·福晟·钱隆广场"项目位于福州市中心城区的东南部，具备良好的城市交通环境及自然环境，濒临闽江，水上交通十分便利。

　　该项目地下有3层，局部地下一层设有夹层，地上为2层至50层。包括1栋50层甲级办公楼（1至3层为集中商业，4至50层为办公）；1栋2层商业裙房；3层地下室，主要布置地下停车库、设备用房和管理用房。地下三层设计平战结合，战时为常六级、核六级二等人员掩蔽工程。

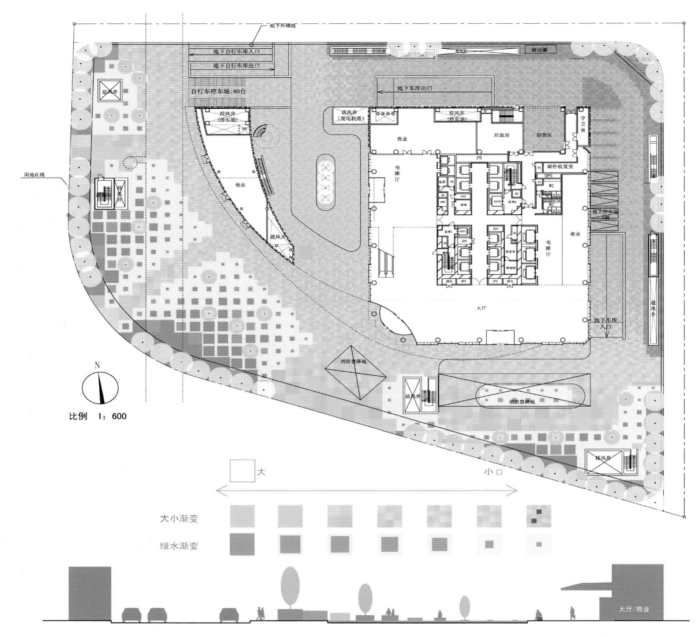

景观分析图

▶ 主要经济技术指标

用地面积：12 893.6平方米

总建筑面积：146 137.505平方米

地上总建筑面积：111 230.505平方米

地下总建筑面积：34 907平方米

计容建筑面积：109 590平方米

不计容建筑面积：36 547.505平方米

容积率：8.50

建筑密度：25%

绿地率：30%

机动车停车位：441个

地上停车位：5个

地下停车位：436个

非机动车停车位：1 650个

立面设计图

晶

水晶般辉煌的塔楼顶部灯光效果

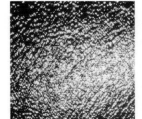

纹

强调建筑立面纹样特征的外景灯光设计

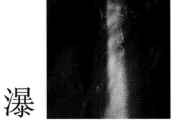

瀑

利用动感灯光设计手法探讨瀑布式的灯光表现

波

低层部分景观阴雨纤细灿烂的波纹水景

⊙ **专家点评**

1. 该项目是城市地域性标志性建筑，体现了现代化城市建筑的高水准；规划布局注重城市资源整合，有机组合了城市交通、城市广场、城市商业等，使其成为城市一景，为闽江增添了光彩，反映了时代的特征。

2. 建筑高度达到200米，立石造型简洁现代，特别是建筑顶部的设计造型有突破，具有活跃性和变化性。

3. 该项目以绿色建筑为追求目标，引入节能、环保、低污染的技术措施，是生态型和智慧型办公大楼。

4. 该项目地处南方，具有四季如春的温暖性气候特征，气温、降水和日照相宜，因此该项目从外到内进行整合，应用了相宜技术手段，注意利用季风改善自然通风的条件；注重对雨水的收集和生态环境的保护；屋顶的种植和太阳能发电的利用等都很充分，特别是整个大楼智能化水平配置及大楼的设备高效造型等都达到了充分、有措施的水准。

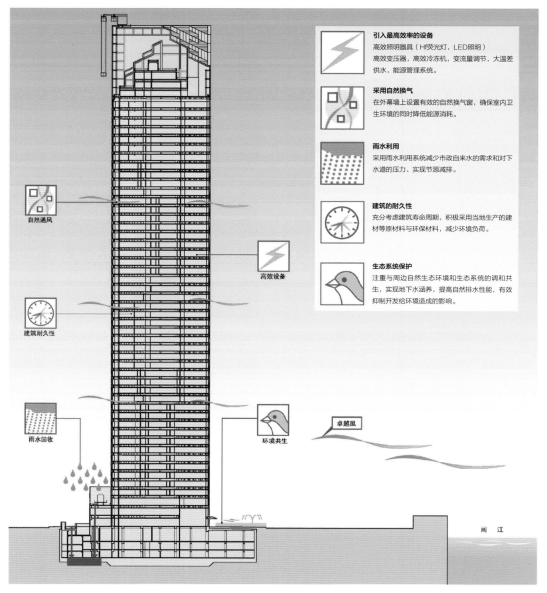

环保节能设计图

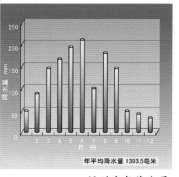

福州市年降水量

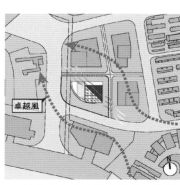

利用东南季风作自然通风设计

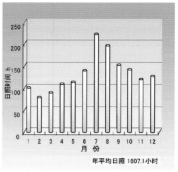

福州市年日照时间

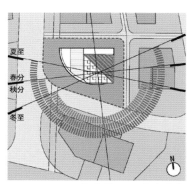

各季节日照角度分析

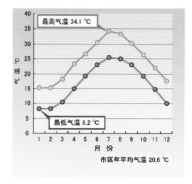

福州市年平均气温

能恒·华鼎星城

开发单位：江苏能恒置业有限公司

规划设计：上海三益建筑设计有限公司

建筑设计：上海三益建筑设计有限公司

上海三益建筑设计有限公司

扬州市建筑设计研究院有限公司

景观设计：棕榈园林股份有限公司上海分公司

总平面图

▶ 项目概况

　　"能恒·华鼎星城"项目位于扬州市新城西区真州路西侧、京华城路南侧，毗邻扬州火车站，紧邻西区行政中心明月湖，东邻京华城中城，以国家绿色科技住宅最高奖"绿色建筑设计评定三星级认证"为项目设计标准，以环保、节能和高宜居舒适度为特点，以低能耗住宅为目标。

　　该项目由高层住宅和商业、会所及配套物业用房、社区服务用房、幼儿园、地下车库及人防工程等组成。

　　该项目围绕"四节一环保"，对照国家有关标准，结合项目实际，采取多项措施，实现了节地、节能、节材、节水和环境保护目标，并获得了江苏省科技厅建筑节能与绿色建筑技术集成应用示范工程奖。全通透下沉式地下室使小区所有车辆全部停放在地下，实现了人车彻底分流，同时能够自然通风、采光。利用可再生能源——土壤源热泵技术，集中供热、制冷、提供生活热水，配合外墙砂加气自保温混凝土砌块，冷桥部位采用A级防火的STP保温板、断桥隔热铝合金中空玻璃窗、外遮阳卷帘，有效改善了居住环境，实现系统节能65%以上。

鸟瞰图

沿街商业黄昏人视图

沿河透视图

⊙ 主要经济技术指标

总用地面积：162 356平方米

总建筑面积：496 239.2平方米

地上建筑面积：357 183.2平方米

住宅建筑面积：346 410.2平方米

商业建筑面积：7 143平方米

物业管理用房建筑面积：1 429平方米

社区服务用房建筑面积：715平方米

地下建筑面积：139 056平方米

幼儿园建筑面积：5 280平方米

容积率：2.20

建筑密度：22.00%

绿地率：38.00%

居住户数：2 784

机动车停车位：2 287个

地上停车位：59个

地下停车位：2 228个

南立面图　　　　　西立面图

典型户型立面图

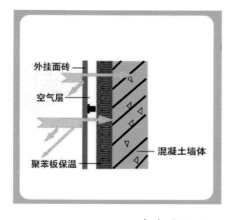

外墙系统图

地源热泵系统图

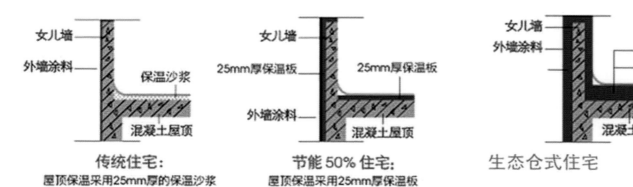

传统住宅：
屋顶保温采用25mm厚的保温沙浆

节能50%住宅：
屋顶保温采用25mm厚保温板

生态仓式住宅

屋面保温系统图

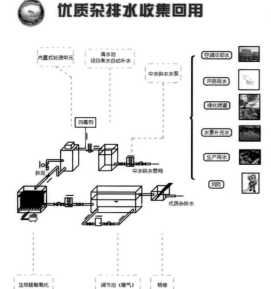

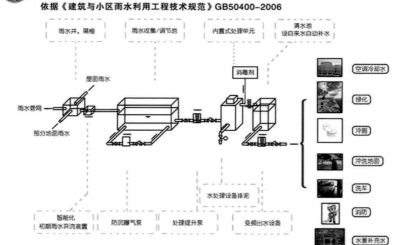

雨污水综合利用图

▶ 专家点评

1. 该项目为扬州市的临水社区，地理位置优越，占地面积11万平方米，容积率为1.4。其规划设计能根据资源的优劣，合理安排不同品质的住宅，使得效益最大化。临水安排洋房和多层住宅，靠近城市道路则安排高层住宅，使得物尽其用。所有住宅均为板式，南北通风，且日照良好，舒适度高。住区环境追求规整、对称和秩序感，组织了较好的院落空间，有利于居民的交往。

2. 社区配套齐全，设置了老年公寓和托儿所，符合对老年群体的关爱。商业设施集中沿城市道路布局，方便群众使用，且对于城市的繁华起到了积极的作用。

3. 在节能方面，使用了不少新技术，尤其是使用地深热泵解决了冬季采暖和夏季空调的问题，大大提高了住宅的舒适度。

济南万科·万科城

开发单位：济南万筑房地产开发有限公司
规划设计：上海原构设计咨询有限公司
建筑设计：上海原构设计咨询有限公司
景观设计：上海原构设计咨询有限公司

▶ 项目概况

"济南万科·万科城"项目位于山东省济南市高新区与老城区的交界处，处在城市的东拓方向之上。东侧为奥体西路，规划红线宽45米；北侧为规划一路；南侧及西侧临近大辛河，并以规划城市道路相隔。地块总体呈四边型，南北最长距离约655米，东西最长距离约455米。

该项目以"开放的新城"作为规划的核心。建筑形态以板式为主，通过适当偏移形成错落的组团形式，并形成匀质的围合空间，保证了住宅的私密性，又形成了邻里之间高质量的交往空间。

该项目充分结合其所处环境和景观资源，通过道路划分，在一定程度上打破了居住区的封闭模式，使住区之间的道路成为城市道路的有机延伸，以开放的形态融入更大的周边城市环境，实现了与周边住区融为一体，从而使街区充满活力，提升了居民的生活质量。大面积绿化及生态技术的实施使本项目成为宜居的社区，让更多的居民享受生活、享受自然。

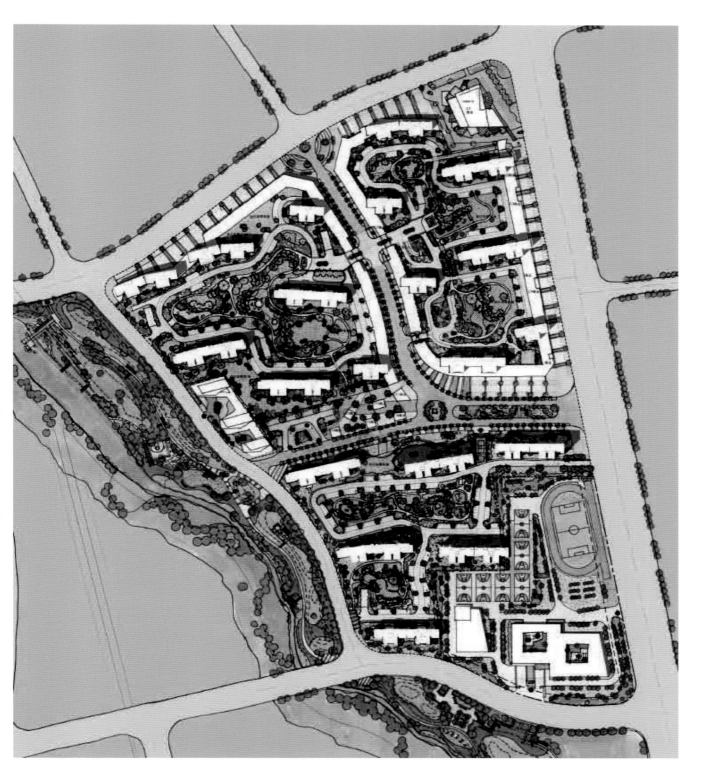

总平面图

鸟瞰图

▶ 主要经济技术指标

总用地面积：191 417.9平方米

总建筑面积：597 148.75平方米

地上建筑面积：478 544.75平方米

住宅建筑面积：425 636.4平方米

地上配套设施建筑面积：24 215平方米

配套商业建筑面积：28 693.35平方米

地下总建筑面积：118 604平方米

容积率：地上：2.50；地下：0.62

建筑密度：18%

绿地率：35%

住宅总户数：4 394

机动车停车位：3 832个

地下车库图

高度分布图

产品分布图

景观分析图

交通分析图

功能分区图

◉ 专家点评

1. 该项目是以"60万平方米幸福生活城，为住户生活加分"的宗旨，创造了一幅全新的绿色住区生活方式，通过对住区的开发性规划，使住区的生活与城市的资源融合共享，使城市道路和住区道路互为延伸，从而使住区的生活充满活力，把居民生活的舒适性、方便性、共享性发挥到极致，是一个有开创性的、绿色理念的高水平的体现。

2. 该项目采用成品房一次装修到位的"万科全面家居解决方案"，与普通装修不同，万科采用了从方案一开始，就将装修的理念，居住对象的需求融贯到设计中去，完全体现居住个性的不同，并应用材料和产品标准化、系列化的理念，施工工艺标准化，达到了高效优质绿色，减低成本，这是一种创新的探索，在全行业中创造了先例。

3. 采用人性化的道路交通设计，车行、步行交通做到互不干扰，保证了住区内部的安静、安全和美观，这种车行与人行分离的系统最大化地保证了各项生活与交往空间的美好环境。

4. 住区的景观设计，除了各式的围合组团绿地空间之外，将城市的景点设计重点放在万科城内的三条街道上，具体手法上是：①适宜的人体尺度和街道尺寸；②退红线的街道种植绿地；③交汇口布置的城市共享空间，形成街区标识化的广场、共享空间，表现居住生活的开放性和公共性。道路绿树成荫，步行友好，体现了舒适性。把绿化的重点放在道路的沿侧和节点上是万科的创新。

5. 该项目按照绿色建筑理念和整合设计方法，应用了普适的技术，在声、光、热和空气质量方面达到了综合舒适的程度。

6. 该项目从定位、策划、设计、装修等多方位做到全面、完整，是一个高水平的设计方案。

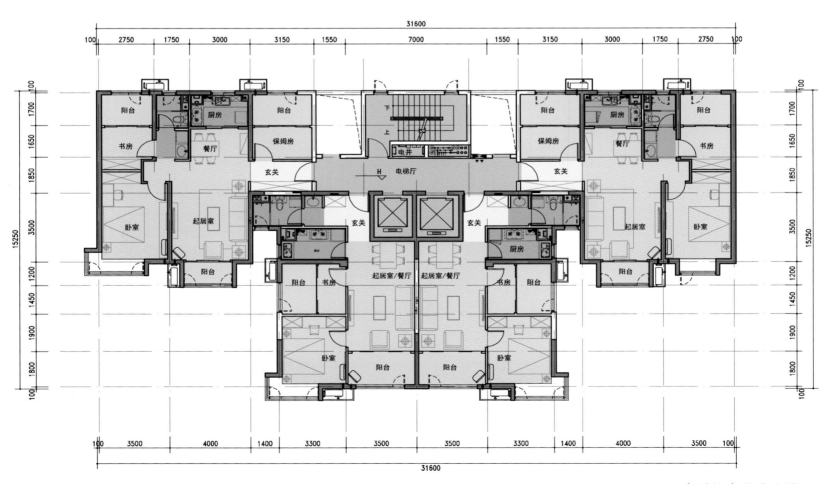

TYPE-5户型标准层平面图

济南市住宅产业化发展中心

在济南泉城广场展览宣传

样板间展览

◉ 单位简介

济南市住宅产业化发展中心（以下简称住宅中心），成立于2001年12月，是隶属于济南市城乡建设委员会的正县级自收自支事业单位。住宅中心下设"四科一中心"，分别为综合科、性能认定科、示范工程科、技术开发科和住宅产业化工程技术研究中心。编制人数为18人。住宅中心现有本科及以上学历10人，其中，高级专业技术职称2人，中级职称4人。其主要工作职责：一是研究建立济南市住宅开发建设的技术体系；二是研究制定推进全市住宅产业化的一系列政策措施；三是拟定商品住宅性能认定管理办法、评定办法、标准及规章制度，并组织实施；四是办理住宅建设和住宅产业化的专项业务工作。

◉ 在推动建筑产业化方面所作出的相关工作与取得的重要成果及行业意义

近年来，住宅中心紧紧围绕济南市委、市政府"加快科学发展、建设美丽泉城"的中心任务，按照"培育千亿规模实体产业"的目标，着力打造国家住宅产业化试点城市及国家住宅工业部品生产集散地，在建筑（住宅）产业化政策标准研究、关键技术研发、产业园区建设、试点项目推广、住宅性能评定等方面，积极探索适合济南市的建筑（住宅）产业化发展思路，形成了济南市建筑（住宅）产业化发展的基本框架。

住宅中心作为CSI住宅理念的发起者、倡导者，成功研发出了CSI住宅工业体系和CSI住宅部品体系，在中国开创性地提出了CSI住宅的概念；同时，作为副主编单位，参编了建设部《CSI住宅建设技术导则（试行）》；还主持参与了住建部《新型CSI住宅及核心体系研究》和济南市科技局《济南市住宅产业及CSI住宅研究》的课题研究；拥有CSI住宅发明专利3项、实用新型专利30项。其在推广住宅产业化技术方面，取得了突出成绩。

2012年6月，在住宅中心前期工作的基础上，济南市成功获批"国家住宅产业化综合试点城市"，成为继深圳、沈阳之后的第三个国家级试点城市。

2012年至2013年，住宅中心成功组织申报了"力诺瑞特集团太阳能与建筑一体化"和"山东万斯达集团装配式建筑"两个国家住宅产业化基地，推进了建筑（住宅）产业园区建设，启动了建筑（住宅）产业园区规划选址。初步确定了两大园区选址方案：一处位于济南经济开发区南园（长清区归德镇），总规划面积约6 706亩，其中可用建设用地2 170亩；一处位于济北经济开发区内（济阳县城西部），总规划面积约3 000亩。

加快建筑（住宅）产业化试点项目建设，积极协调房地产企业和政府项目建设主体参与建筑（住宅）产业化试点。目前，首批三箭汇福山庄、西客站安置三区中小学工程等试点项目正在推进。

积极磋商制定扶持政策。住宅中心组织编制了《济南市关于促进住宅产业化发展的指导意见》《济南市住宅产业十二五发展规划》等文件，为济南市的建筑（住宅）产业化发展提供了政策依据。2013年下发了《关于在新建商品房项目中大力推广住宅产业化技术的通知》，要求市区新建商品房项目拿出一定比例用于建筑（住宅）

产业化技术建设。近期，已起草完成《济南市住宅产业化工作推进方案》《关于应用住宅产业化技术的若干意见》等文件，待进一步征求各部门意见后上报印发。

加快研究完善技术标准体系。现已成立了济南市住宅产业化专家委员会，重点围绕解决技术难题、技术认定、实施部品认证等方面开展工作。加紧制定完善建筑（住宅）产业化项目的设计、施工、安装及验收标准，逐步规范建筑（住宅）产业化的生产和应用体系。

积极培育建筑（住宅）产业化龙头生产企业。力诺瑞特新能源有限公司被住建部批准为我国第一个太阳能应用国家住宅产业化基地，山东万斯达集团获批成为装配式建筑技术国家住宅产业化基地。住宅中心致力于住宅部品的研发、设计和试生产，构筑一条相对完整的建筑（住宅）产业化生产链，为提高住宅综合品质、改善人居环境、推进建筑行业转型升级做出了一定的贡献。

▶ 获奖情况

曾荣获"济南市建设系统科技工作先进单位""济南市棚户区调查与改造技术研究"项目荣获济南市科学技术奖三等奖、在第八届中国国际住宅产业博览会上荣获"组织工作优秀奖""济南市2009年度建设科技先进单位"、在第九届中国国际住宅产业博览会上荣获"优秀组织奖"。

2011年9月，"百变小家·体面生活"项目在"2011·中国首届保障性住房设计竞赛"中荣获由住房和城乡建设部住宅产业化促进中心、中国建设报社颁发的三等奖。

2013年10月，在第十二届中国国际住宅产业博览会上荣获由北京市住房和城乡建设委员会颁发的"先进单位"。

卓达房地产集团有限公司

▶ 单位简介

卓达房地产集团有限公司（以下简称卓达集团）创建于1993年7月，现净资产逾千亿元，企业员工达8 000余人，已发展为以创新做引领、以高技术做支撑、以国际视野的战略观为指引的独具"一二三产联动发展、新生产力造城"特色运营模式的国际性特大企业，系全国知名的绿色新型材料生产商、住建部确立的"国家住宅产业化基地"和新型城镇化建设运营商。近年来，一直专心致力于建筑产业现代化实践的卓达集团不仅实现了建筑的标准化设计、预制化生产、

装配式施工，还创造性地做到了旗下新型绿色建材的"产、学、研、用"一体化。

▶ 代表项目或建设成果

卓达集团威海工厂于2012年12月正式投产，哈尔滨、鞍山、石家庄、邯郸、唐山、廊坊、潍坊、莱州、武汉、上海、黄山、张掖等地工厂也已开工建设。现已与俄罗斯达成年6 000万平方米的政府保障房项目合作协议；与秘鲁、毛里求斯、阿联酋等国家达成合作协议，并已建设样板房，展开合作；在国内已签署3 068亿元合作建设新型材料绿色建筑的协议。自主研发的具有低碳、环保、节能功能的新型材料，具有防火、绝燃、防水、抗震、抗台风等功能，在推动建筑产业化建设方面产生了深远的影响。

▶ 创新理念及相关实践

与过去"水泥大板式建筑产业化"相比，卓达集团的建筑产业现代化实践具备低碳环保、绿色节能、保温隔热、耐用持久、抗震安全、快速组装等优点。其中，作为卓达集团建筑产业现代化实践的重要基础，卓达新型绿色建材已被国家建筑材料测试中心评价为"绿色建筑选用产品"，其绿色建材和装配式建筑技术已被住房和城乡建设部住宅产业化促进中心评为"十佳创新技术"。

变废为宝，生产新型绿色建材。在自主研发新型绿色建材事业上，卓达集团目前已经拥有22项国家专利。凭借它们的性能和技术含量，可广泛用于生产外墙材料、室内外装饰材料、低碳节能性整体房屋以及各式环保养生家具的生产。与其他"国家住宅产业化基地"有所不同的是，卓达集团自主研发的新型绿色建材所使用的原材料都是日常生活中看似很不起眼的工农业废弃物。卓达集团因其新型绿色建材变废为宝、低碳节能的创新技术，获得了由中国节能协会颁发的《2011节能中国十大新技术应用奖》，法国建筑革新材料研究中心、中法工商总会颁发的《节能新材新技术与建筑新材料》证书以及国家知识产权局颁发的《实用新型专利证书》等12项荣誉。2013年7月，卓达集团新型绿色材料又获得了俄罗斯联邦政府主管机构颁发的防火、防疫、合格证三项国家认证，以优质的产品性能和施工优势，打开了畅销国际市场的大门。

创新研发绿色集成化建筑体系。卓达集团先后与国内高等院校和研究机构密切开展合作，研发并拥有多项专利和专项技术，还与国内外多家相关企业建立了合作关系，形成了"产、学、研、用"一体化的企业联盟。以新型绿色建材研发生产为主导，在具体推广利用问题上，卓达集团顺势开发了绿色集成模块化建筑体系，形成了一座完整建筑所需的从屋面的外墙板到内墙板、厨房总成、户外阳台总成、基础地下总成等11个部品，并形成了五大产品体系：绿色模块化建筑系列、内隔墙板系列、保温装饰一体板系列、内外墙装饰板系列、园林装饰系列。另外，卓达集团还开发出了TID外墙保温隔热复合装饰板系统、FID防火型内墙养生装饰板系统、负离子恒久释放低碳节能轻钢快装整体房屋、节能保温墙体、整体厨房、整体卫浴、无机防火门等建筑产业现代化配套产品。

在装配式住宅方面，模块化建筑又在其中扮演着最重要的角色，其不仅要求技术最高，而且也是工艺最先进的组成部分。变"建房"为"造房"，卓达集团在建筑产业现代化领域已经实现建筑（地上部分）大比例的工厂部件化生产、"标准化设计""预制化生产""集约式运输""安装式施工""管线预埋、内外装预制完成"，满足了各种外形样式定制、规格大小定制、外观颜色定制等各种定制需求，且全部实现工厂化生产，现在可以实现80%的工序在车间生产，20%的工序在现场模块化组装式施工。

全产业链推动建筑产业现代化。为致力于全产业链建筑产业现代化和新型城镇化建设，卓达集团目前已与全国30余家地方政府签约，合作共建新型城镇化产业新城，率先开工兴建卓达新型绿色建材

产业园。早在2012年威海产业园已投产，哈尔滨、上海、石家庄、济南、潍坊、莱州、黄山、池州、咸宁、张掖等20座城市的产业园正在加紧建设中；唐山、张家口、衡水、长春等十余座城市的产业园已签约，正在筹备动工。从具体区域来看，卓达集团新型绿色建材产业基地已覆盖京津冀、长三角、珠三角、东三省、长江经济带。在全产业链建筑产业现代化道路上，卓达集团未来还将继续重点推进三个体系：设计研发体系、住宅标准化设计、建筑施工体系。

► 获奖情况

2013年8月，获得俄罗斯建筑协会防火、防疫和安全认证。

2014年3月，入选住房和城乡建设部国家住宅产业化基地。

2014年5月，卓达集团新型材料产品被国家建筑材料测试中心评为"绿色建筑选用产品"。

2014年5月，卓达绿色建材和装配式建筑技术被住房和城乡建设部住宅产业化促进中心评为"十佳创新技术"。

西安·紫薇·东进

开发单位：西安紫薇地产开发有限公司

规划设计：深圳市开朴建筑设计顾问有限公司

建筑设计：深圳市开朴建筑设计顾问有限公司

景观设计：北京中新佳联景观规划设计有限公司

⏩ 项目概况

　　"西安·紫薇·东进"项目位于西安市大明宫遗址公园东面的中央居住区，东侧为八府庄北路，北侧为啤酒路，西南两侧均为规划中的市政道路。

　　该项目规划有住宅、商业、幼儿园及小学等功能建筑，为多功能复合型居住区，是集文化旅游、历史文化交流、居住、商务、休闲服务为一体的具有国际水平的城市新区。

　　该项目的规划目标：创造项目地域特色，彰显城市基因；深度挖掘用地核心价值，打造城市人文生态风情的多元复合社区；将建筑融入城市，注重城市整体空间肌理的延续和塑造；以富于针对性的规划设计提升项目的社会、经济附加值。

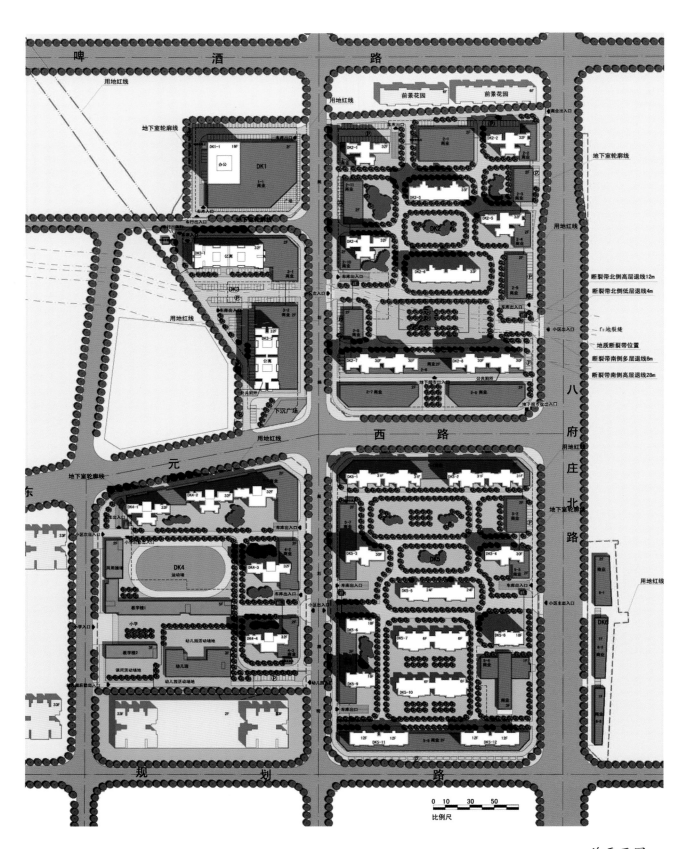

总平面图

鸟瞰图

▶ 主要经济技术指标

总规划用地面积：149 512.8平方米

　　居住用地面积：116 412.8平方米

　　商业金融用地面积：33 100平方米

总建筑面积：659 162平方米

地上总建筑面积：461 680平方米

　　住宅建筑面积：370 740平方米

　　居住区配建公建面积：16 150平方米

　　商业建筑面积：74 480平方米

商业金融配建公建面积：310平方米

地下总建筑面积：197 482平方米

规划总户数：3 285

容积率：3.09

建筑密度：24%　绿地率：35%

机动车停车位：3 832个

地上停车位：375个

地下停车位：3 457个

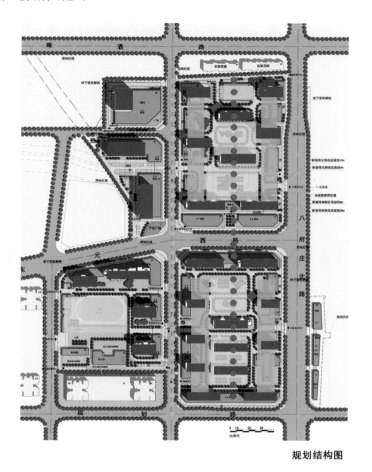

规划结构图

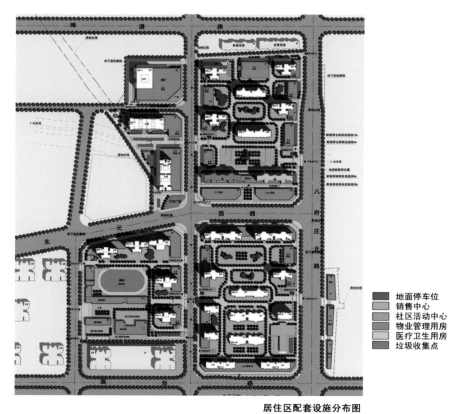

车行流线　　学校入口
商业步行流线　小区出入口　　交通分析图
住宅步行流线　公寓出入口
　　　　　　　地库出入口

地面停车位
销售中心
社区活动中心
物业管理用房
医疗卫生用房
垃圾收集点

居住区配套设施分布图

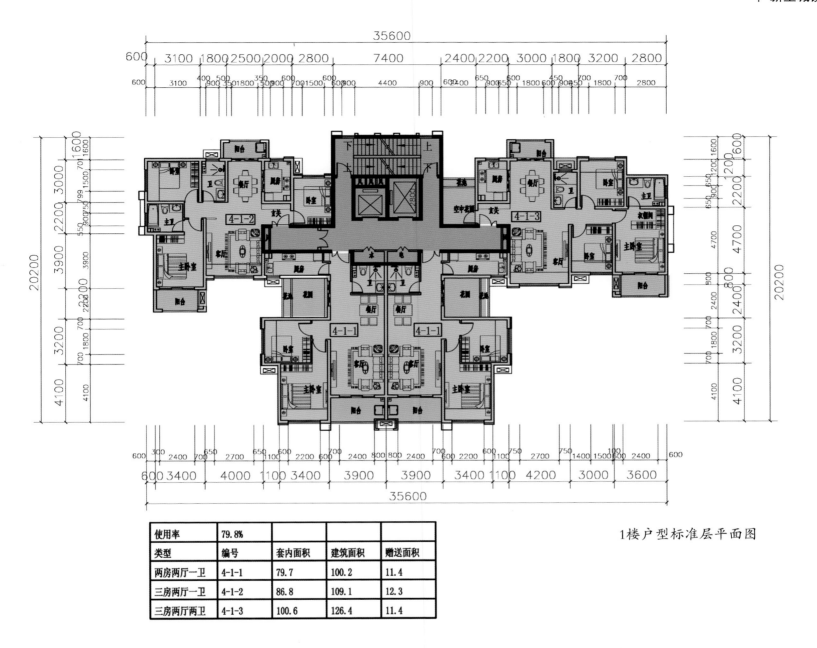

1楼户型标准层平面图

使用率	79.8%			
类型	编号	套内面积	建筑面积	赠送面积
两房两厅一卫	4-1-1	79.7	100.2	11.4
三房两厅一卫	4-1-2	86.8	109.1	12.3
三房两厅两卫	4-1-3	100.6	126.4	11.4

▶ 专家点评

该项目规划设计方案具有以下主要亮点：

1. 在城市更新项目中，注重社区的"城市性"。在规划地块中引入城市道路，让社区对城市开放并与城市规划路网形成便利通顺的交通系统。这种开放的理念值得肯定。

2. 学校的选址和布局，形成了新建小区与既有住区之间的"开放城市空间"，使新建小区"友好地"融入了城市。

3. 板、塔结合的规划形态，丰富了城市空间形态，对城市环境也同样做到了"友好性"。

4. 在细部的城市设计中，也形成了一些能方便市民使用的沿街配套服务设施和城市街道停留空间，体现了对市民的关怀。

5. 创新性地提出了一些节能环保的技术措施，如果能在施工中具体落实，不失为该项目在建筑理念和节能环保上的亮点。

6. 户型标准层设计上采用了能容纳担架的电梯，体现对住户的关怀和适老化、无障碍的设计理念。

首开缇香郡

开发单位：北京首都开发股份有限公司

规划设计：北京城市开发设计研究院有限公司

美国龙安建筑规划设计顾问有限公司

建筑设计：北京城市开发设计研究院有限公司

联安国际建筑设计有限公司

景观设计：北京东方艾德景观设计有限公司

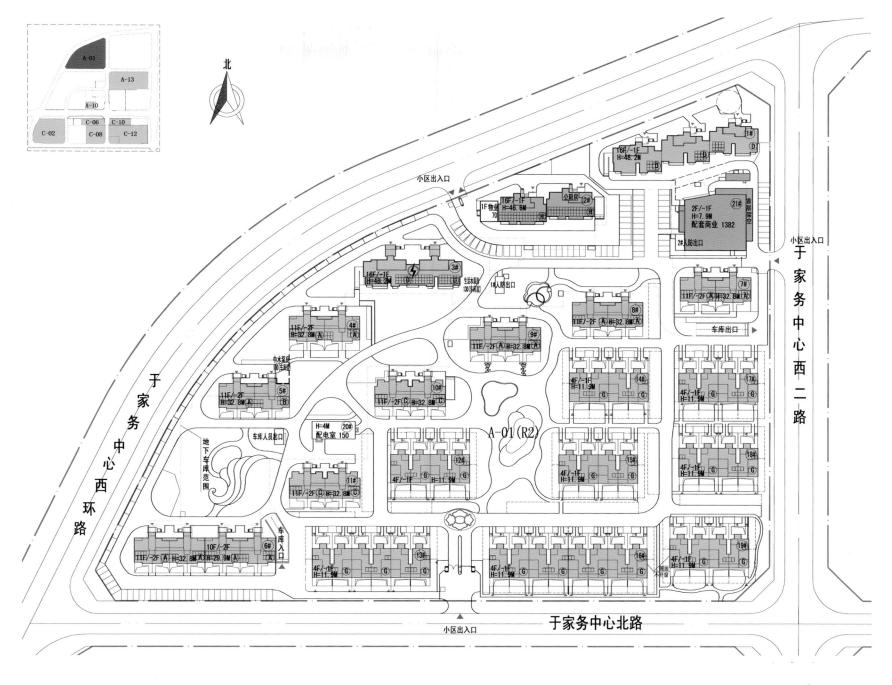

总平面图

⏵ 项目概况

　　"首开缇香郡"项目位于北京市通州区于家务回族乡，地处六环以外，紧邻京津高速公路。距离首都机场42千米，距北京火车站32千米，距六环路7千米，距离CBD核心区约33千米，距离东五环化工桥约18.7千米，距离亦庄马驹桥约17.8千米，距离通州新城约18千米，通过京津高速路和六环快速路与亦庄、通州两大新城连接，交通的便捷性使该区域具备接收两大新城居住需求的能力。

　　该项目周边2 500米内主要配套有：中小学、医院、商业、超市、文体娱乐设施、公园、银行、邮局等，设施齐备。目前，已建成学校、医院、派出所等基础配套设施。

鸟瞰图

小区效果图1

小区效果图2

小区效果图3

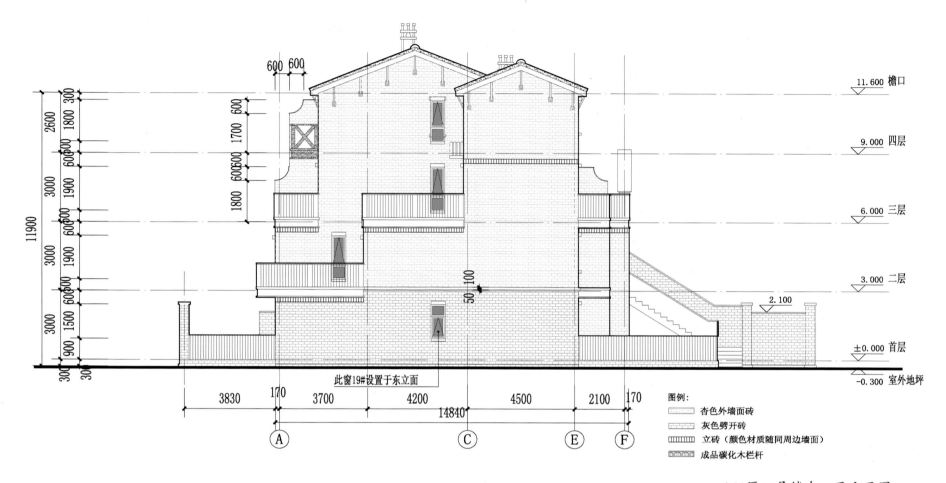

此窗19#设置于东立面

图例:
杏色外墙面砖
灰色劈开砖
立砖（颜色材质随同周边墙面）
成品碳化木栏杆

A01区14号楼东、西立面图

▶ 主要经济技术指标

规划用地面积: 83 831.715平方米

总建筑面积: 183 208.69平方米

地上建筑面积: 141 534.00平方米

商品住宅面积: 117 727.36平方米

公租房面积: 8 040.27平方米

公共配套设施面积: 5 216.00平方米

人防出入口及人防附属用房面积: 228.88平方米

车库地上出入口面积: 47.88平方米

非配套商业面积: 4 235.74平方米

商务办公面积: 5 997.78平方米

消防及安防控制室面积: 40.09平方米

地下建筑面积: 41 674.69平方米

容 积 率: A-01地块: 1.60

　　　　　A-13地块: 1.80

建筑密度: A-01地块: 30%

　　　　　A-13地块: 40%

绿 地 率: A-01地块: 30.16%

　　　　　A-13地块: 30.07%

居住总户数: 1 572

机动车停车位: 883个

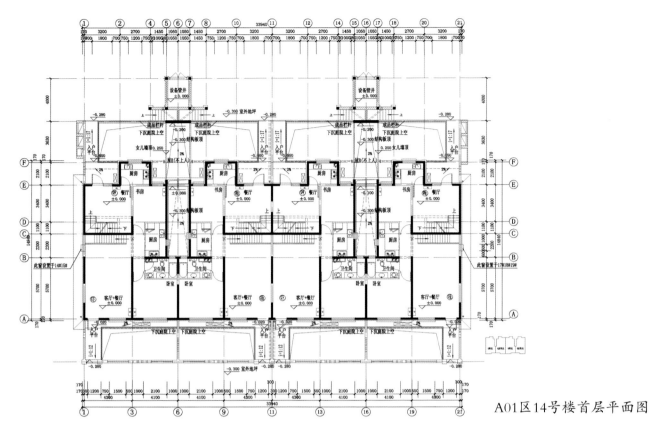

A01区14号楼首层平面图

▶ 专家点评

1. 该项目是新农村改造、集中布局、增加城市市政功能化的项目，多层、小高层相间布局，具有较好的城市社区形象及丰富的造型。

2. 小区道路系统分级清晰，停车位比例0.2~0.5，使需求有保障；停车方式地面地下均有考虑，能保障环境的质量。

3. 小区内部以围合空间的设计为主，序列性强，居民共享性充分。

4. 住宅单体设计以多层坡顶设计为主，有乡土感、亲和感，采用一梯四户、五户的平面设计，公摊面积少，利用率高，经济适用。

5. 住宅内部功能合理，使用方便。

绿化布置图

EDSA Orient · 天津天和城南湖公园

开发单位：天津市武清区下朱庄街道办

天和城（天津）置业投资有限公司

规划设计：EDSA ORIENT

北京易地斯埃东方环境景观设计研究院有限公司

景观设计：EDSA ORIENT

北京易地斯埃东方环境景观设计研究院有限公司

天津武清天和城南湖公园

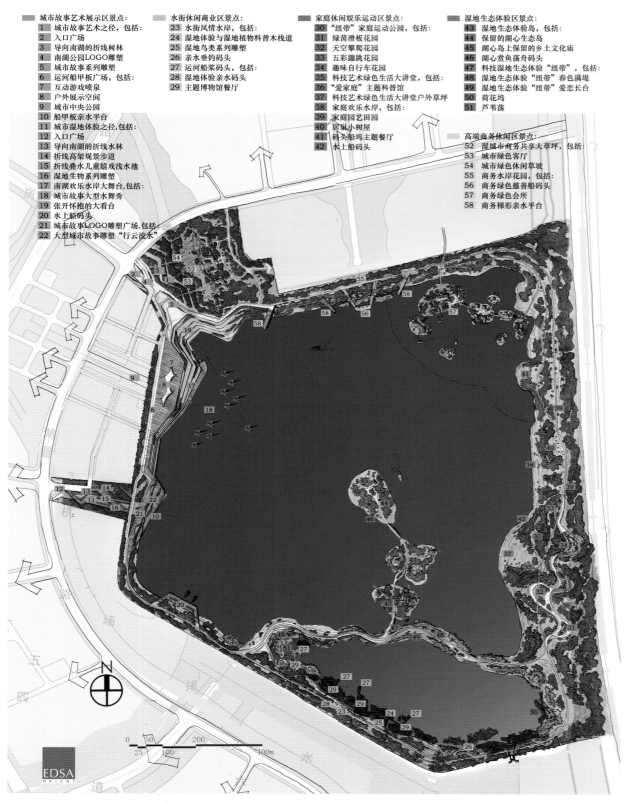

■ 城市故事艺术展示区景点：
1 城市故事艺术之径，包括：
2 入口广场
3 导向南湖的折线树林
4 南湖公园LOGO雕塑
5 城市故事系列雕塑
6 运河船甲板广场，包括：
7 互动游戏喷泉
8 户外展示空间
9 城市中央公园
10 船甲板亲水平台
11 城市湿地体验之径，包括：
12 入口广场
13 导向南湖的折线水林
14 折线高架观景步道
15 折线叠水儿童嬉戏浅水池
16 湿地生物系列雕塑
17 南湖欢乐水岸大舞台，包括：
18 城市故事大型水舞秀
19 张开怀抱的大看台
20 水上船码头
21 城市故事LOGO雕塑广场，包括：
22 大型城市故事雕塑"行云流水"

■ 水街休闲商业区景点：
23 水街风情水岸，包括：
24 湿地体验与湿地植物科普木栈道
25 湿地鸟类系列雕塑
26 亲水垂钓码头
27 运河船桨码头，包括：
28 湿地体验亲水码头
29 主题博物馆餐厅

■ 家庭休闲娱乐运动区景点：
30 "纽带"家庭运动公园，包括：
31 绿茵滑板花园
32 天空攀爬花园
33 五彩蹦跳花园
34 趣味自行车花园
35 科技艺术绿色生活大讲堂，包括：
36 "爱家庭"主题科普馆
37 科技艺术绿色生活大讲堂户外草坪
38 家庭欢乐水岸，包括：
39 家庭园艺田园
40 居巢小树屋
41 码头船坞主题餐厅
42 水上船码头

■ 湿地生态体验区景点：
43 湿地生态体验岛，包括：
44 保留的湖心生态岛
45 湖心岛上保留的乡土文化庙
46 湖心赏鱼荡舟码头
47 科技湿地生态体验"纽带"，包括：
48 湿地生态体验"纽带"春色满堤
49 湿地生态体验"纽带"爱恋长台
50 荷花坞
51 芦苇荡

■ 高端商务休闲区景点：
52 湿地市商务共享大草坪，包括：
53 城市绿色客厅
54 城市绿色休闲草坡
55 商务水岸花园
56 商务绿色慈善船码头
57 商务绿色会所
58 商务梯形亲水平台

总平面图

项目概况

"EDSA Orinet·天津天和城南湖公园"位于天津武清区东南部，距天津市区9千米、距北京市区76千米，是京津走廊上新城发展的重要绿色极核。总占地面积215万平方米、其中水域135万平方米，岸线5千米。

EDSA Orient（北京易地斯埃东方环境景观设计研究院有限公司）将天和城商业综合体提升为"居住+商业+户外休闲+都市田园"的"公园综合体"，将商业活动并入公园活动的一部分，创造"5千米浪漫湖滨"，形成"风景中的城市、公园中的生活"。包括"城市故事展示区、水街商业休闲区、家庭休闲娱乐区、生态湿地体验区、高端商务休闲区"。提升了天津武清区的城市配套功能，促进了武清区的绿色城市建设，吸引了京津客群参与，为百姓带来了更为生态、健康、融洽的休闲时尚生活，以绿色极核推动中国新型城镇化发展。

鸟瞰图

区位交通分析图

区域内包括多条高速公路、快速路、铁路、公路等。
三条高速公路：京津唐高速公路、京津高速公路、国道112高速公路
三条铁路线：京津城际铁路、高山铁路、津蓟铁路

场地交通便捷，规划设计中进入公园的出入交通线路主要有：
北京方向：京津唐高速、高津高速联络线
天津方向：外环线北延线、京津唐高速、国道112高速

⏵ 主要经济技术指标

总面积：2 150 000平方米

水域面积：1 350 000平方米

陆地面积：800 000平方米

园路及铺装场地面积：205 423平方米

管理建筑面积：3 480平方米

游览、休憩、服务、公用建筑面积：18 900平方米

绿化用地面积：572 197平方米

土地利用规划图

公园总面积630000m²，依照《公园设计规范CJJ48-92》，设置公园常用设施如下，其中管理建筑游览服务建筑用地面积总计18900 m²，占总公园用地的3.0%，管理建筑用地面积总计3480 m²，<1%，绿化园地>80%。

其中永久配套设施可根据未来发展需求可分期建设，靠近未开发的商业区域的卫生间及售卖服务等设施可以延后建设，先使用临时设施。

图　例

- 售卖服务设施
- 餐饮服务设施（内自带卫生间设施）
- 医疗急救设施
- 公园服务设施（售票处、咨询台等）
- 卫生间
- 垃圾收集点
- 无线网络
- 自行车停车场
- P　机动车停车场
- 码头
- 公用电话
- 电瓶车停靠站

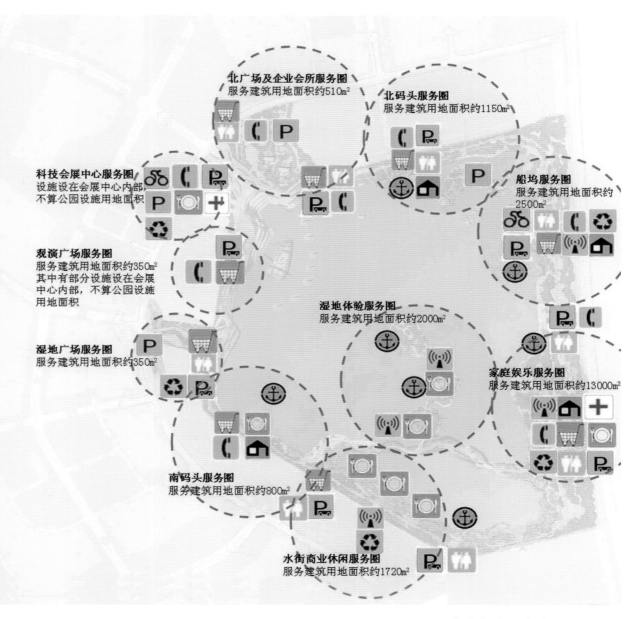

北广场及企业会所服务圈 服务建筑用地面积约510m²

北码头服务圈 服务建筑用地面积1150m²

科技会展中心服务圈 设施设在会展中心内部，不算公园设施用地面积

船坞服务圈 服务建筑用地面积约2500m²

观演广场服务圈 服务建筑用地面积约350m² 其中有部分设施设在会展中心内部，不算公园设施用地面积

湿地体验服务圈 服务建筑用地面积约2000m²

湿地广场服务圈 服务建筑用地面积约350m²

家庭娱乐服务圈 服务建筑用地面积约13000m²

南码头服务圈 服务建筑用地面积约800m²

水街商业休闲服务圈 服务建筑用地面积约1720m²

建筑布置和建筑面积图

苏州 · 新沧浪 · 苏式园林会所

开发单位：苏州市新沧浪房地产开发有限公司
规划设计：苏州市吴都园林建筑咨询管理有限公司
建筑设计：苏州市城市建筑设计院史建华工作室
景观设计：苏州市吴都园林建筑咨询管理有限公司

技术经济指标

用地面积	住宅	用地面积（M²）	2266.76		
总建筑面积			1160.52		
其中	计容积率建筑面积（M²）	984.44	地上（M²）	442.44	
			原控制高度（M²）	490	
			四层面积（M²）	52	
	不计容积率建筑面积（M²）	176.08	地下（M²）	176.竞庭	
容积率		0.43	建筑密度（%）	31%	
绿地率		30%	最大地块高度	8.500（二层角楼）	
停车位数（户）			庭层古建地面积（M²）	704.56	
机动车位		5			
非机动车位					
其它					

传德堂平面图

▶ 项目概况

"苏州·新沧浪·苏式园林会所"系列是苏州市新沧浪房地产开发有限公司怀着对苏州历史文化深厚的感情，致力于古城古建筑保护，以强烈的历责任感，坚守传统建筑的保护和利用，遵循亭台水榭、山石垒砌、师法自然的独特审美情趣，讲究人与自然和谐共生；赋予苏州传统园林建筑新内涵，萃取中国传统文化精髓，在赋予其新生命的同时，探索出一条传承与创新之路，为子孙后代留下了宝贵财富。

该项目为园林会所系列，下面是其优秀的项目代表。

传德堂：传德堂项目位于苏州城内著名历史街区山塘街的786~788号，绿水桥西面，虎丘塔东南面。在悠久历史氛围的古典园林中，凸显了其现代商务会所功能，满足了人们居住、会晤、休闲、娱乐的功能要求。

环翠山庄：环翠山庄位于同里镇大叶港畔，现位于同里古镇西南方。环翠山庄最早为清同治年间画家严友兰所建宅园，又称严家花园。现在环翠山庄以上海《文汇报》创始人严宝礼的故居而闻名。通过精心的规划和设计，为业主提供一个天人合一的空间，成为商界精英和文化名流人士商谈或雅聚的不二之选和精神家园的归所，达到身与灵全然的释放。

常州南田会所：常州会所位于江苏武进湖塘镇。作为高端商务会所，它集接待、会议、宴请以及休闲功能于一身，提供高品质服务和高品位享受，为政府机构、商界精英勾勒了一个独一性、私密性的园林会所空间。

吴江康力会所：该项目位于吴江（芦墟）临沪经济开发区，旨在提供一个集舒适、优雅、功能完善的园林会所空间。它作为商务会谈和招待宴请的绝佳环境，将给公司的供应商和合作伙伴以全新感觉，同时提升了企业的整体形象。

菡园会所：菡园会所位于苏州清山酒店附近，坐落于苏州新区科技城景观主轴，三面环山，有着极其开阔的视野和丰富的景色，七栋单体建筑分而不断，分别以接待、会议、餐饮、休闲娱乐、多功能设施、配套用房为主要功能。

环翠山庄鸟瞰图

▶ 主要经济技术指标

传德堂

总用地面积：2 266.76平方米

总建筑面积：1 160.52平方米

容积率：0.43

绿地率：30%

建筑密度：31%

机动车停车位：5个

环翠山庄

总用地面积：4 226平方米

总建筑面积：2 101.3平方米

容积率：0.381

绿地率：41.3%

建筑密度：27.8%

机动车停车位：11个

常州南田会所

总用地面积：约9 100平方米

总建筑面积：约2 677平方米

容积率：约0.29

建筑密度：约23%

吴江康力会所

总用地面积：5 700平方米

总建筑面积：2 155.58平方米

容积率：0.38

绿地率：48.7%

建筑密度：27.88%

菡园会所

总用地面积：19 500平方米

总建筑面积：1 880平方米

传德堂外部实景图

南田会所琴棋书画包厢实景图

康力会所效果图1

康力会所效果图2

康力会所效果图3

菡园会所夜景鸟瞰图

▶ 专家点评

1. 这是一个包括了建在四地的五个园林式会所项目。

2. 该项目规划设计采用"古今结合，古为今用"的方针，把握古典园林精髓，既遵从古典园林造景手法原则又能结合现代城市环境，结合新材料、新技术，特别是现代建造手法，赋予古典园林以新的内涵，满足现代功能需求。

3. 在建筑造景中以亭、楼、榭、厅为元素，通过摄山理水进行建筑营造。以多样的绿植，尺度合宜，烘托出江南园林的独特幽深曲折的景观效果。中式园林会所成为现代大都市中怡人养性的最好去处。

4. 会所建筑外部简朴，而内部则有些更显丰富细致，对传统建造工艺的发挥淋漓尽致，或在室内采用现代装饰简洁、明快的风格，二者则根据空间性质选用，又统一在灰瓦白墙的江南民居大格调之中。

天津历史风貌街区保护与利用

开发单位：天津市历史风貌建筑整理有限责任公司
规划设计：天津市城市规划设计研究院
建筑设计：天津大学建筑设计规划研究总院

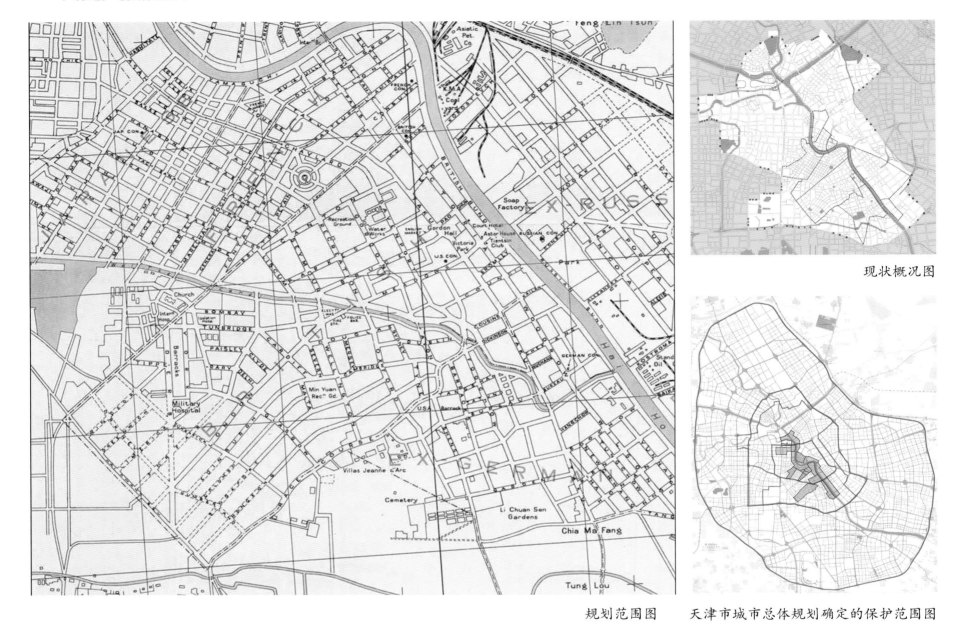

规划范围图　　天津市城市总体规划确定的保护范围图

现状概况图

⊚ 项目概况

　　天津的历史风貌建筑是天津市社会和城市发展的历史见证。1860年鸦片战争后，先后有9个国家在天津设立租界。大规模的租界建设，使得西洋建筑文化和技术涌入天津，天津的建筑从中国传统形式走向了中西荟萃、百花齐放，有"万国建筑博物馆"之称。

　　由于建造年代久远，又历经百年沧桑加之人为因素，天津的历史风貌建筑普遍存在不同程度的损坏，亟待加固整修。天津的历史风貌建筑是宝贵的历史文化遗产和城市资源，保护好它们对于凸显天津城市风貌、传承城市历史文脉具有重要的意义。

　　2006年，天津市城市总体规划确定了历史城区的保护范围，并划定了14片历史文化街区，对其进行名城加强保护。2012年，五大道等14片历史风貌街区保护规划获得了天津市政府的批复。其中，五大道历史文化街区保护规划获得2013年度天津市优秀城乡规划设计一等奖。至2013年，天津共认定了877幢历史风貌建筑，其中，住宅建筑为675幢。在14片历史风貌街区中，包括6片社区生活型街区，其中，以五大道风貌街区和意大利风貌街区最具代表性。

特色分析图

▶ 概况说明

建筑遗产：（原意租界及英租界五大道最集中）

天津市总计877幢历史风貌建筑：

特殊保护等级： 69幢

重点保护等级： 205幢

一般保护等级： 603幢

其中住宅数量：675幢，

特殊保护等级： 11幢

重点保护等级： 115幢

一般保护等级： 549幢

风貌特色：（原租界区富有异国风情特色）

● 传统城市特色：

老城厢、估衣街、古文化街

● 异国风情特色：

五大道风貌街区（位于原英租界）

意大利风貌街区（位于原意租界）

泰安道五大院（位于原英租界）

解放北路金融街（位于原英、法租界）

承德道风貌街区（位于原法租界）

静园整修前主楼外景

静园整修前主楼大厅内景

静园整修前入户门

静园整修前外景回廊

中心花园法式风貌街区（位于原法租界）

赤峰道风貌街区（位于原法租界）

劝业场风貌街区（位于原法租界）

鞍山道风貌街区（位于原日租界）

解放南路风貌街区（位于原德租界）

●多元文化特色：

海河历史风貌街区（含原奥、意、日、法、俄租界）

主导功能：基本延续了历史功能特征

●社区生活型：

五大道风貌街区

意大利风貌街区

鞍山道风貌街区

赤峰道风貌街区

承德道风貌街区

解放南路风貌街区

●公共活动中心型：

老城厢（传统商业）

估衣街（传统商业）

古文化街（传统民俗文化）

解放北路金融街（商务金融）

劝业场（现代商业）

中心花园法式风貌街区（商业、休闲）

泰安道五大院（商业金融、商务办公）

●旅游休闲型：

海河历史风貌街区

静园整修后建筑外观

静园整修后建筑小品

静园整修后建筑院落

静园整修后建筑整体风貌

静园整修后议事厅室内

▶ 专家点评

　　该项目以位于天津市和平区的五大道风貌街区和位于河北区的意大利风貌街区作为主要案例，从规划设计、建筑单体、街区环境、课题研究及修缮技术等几方面，集中展示了天津对历史风貌街区和建筑的保护与利用工作，使这些具有宝贵价值的历史风貌街区和建筑承续了其历史与文化，并使之融入当代的生活并为当代生活助力、持续发展。

住总骏洋 · 丽景长安

开发单位：北京住总骏洋置业有限公司

规划设计：北京市住宅建筑设计研究院有限公司

建筑设计：北京市住宅建筑设计研究院有限公司

景观设计：北京市住宅建筑设计研究院有限公司

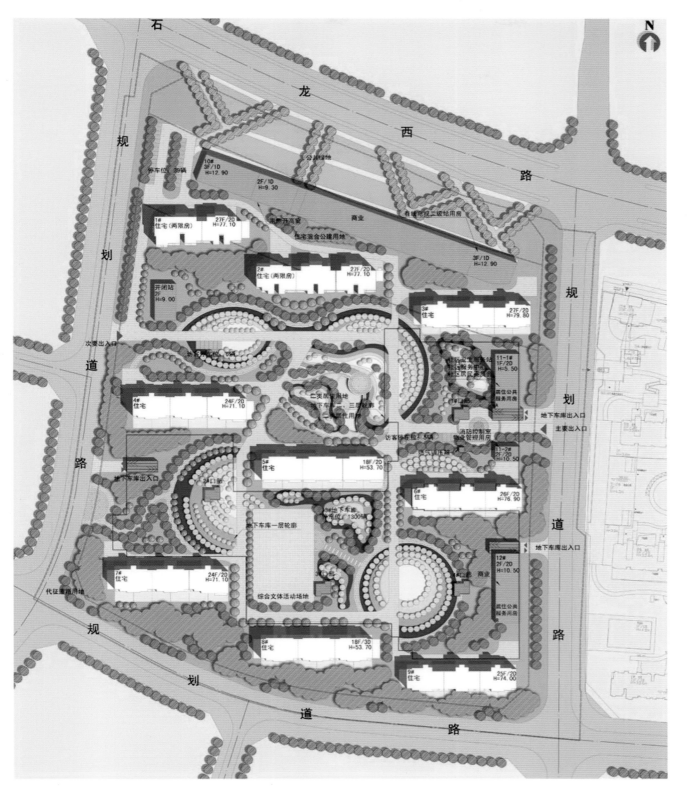

总平面图

⊙ 项目概况

"住总骏洋·丽景长安"项目位于北京市门头沟区永定镇,属于门头沟新城核心区。北至石龙西路,南侧至规划友谊路,东、西侧均至规划城市道路。依西山,傍永定,近享滨河公园珍稀生态资源。城铁S1线正式开工,未来将与长安街、莲石路、阜石路等城市主干道路一起共同构建通达路网,项目可高效直抵城市腹地,更有齐全的配套,多元业态环伺,演绎多彩城市生活。

该项目主打自然风格园林,依地势规划亭台叠水,更有约800平方米镜湖点缀,与石材立面的简欧建筑相互映衬,别具典雅气度。百米楼间距,户户采光极佳,温馨相伴。

该项目推出136~190平方米全新精装产品,阔景户型空间布局合理,通透舒适,成就不同类型家庭的品质居住所享。

鸟瞰图

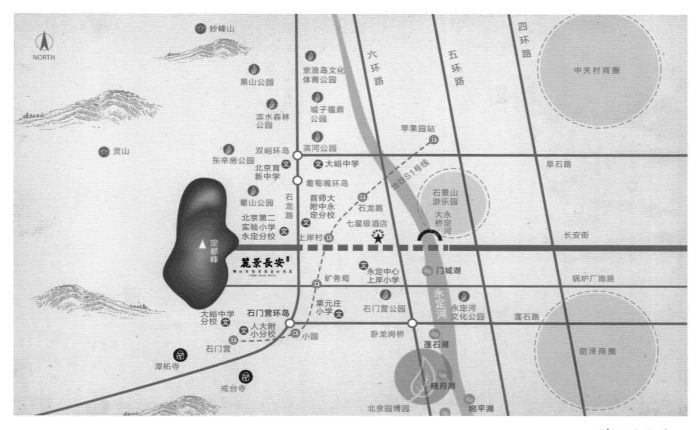

详细区位图

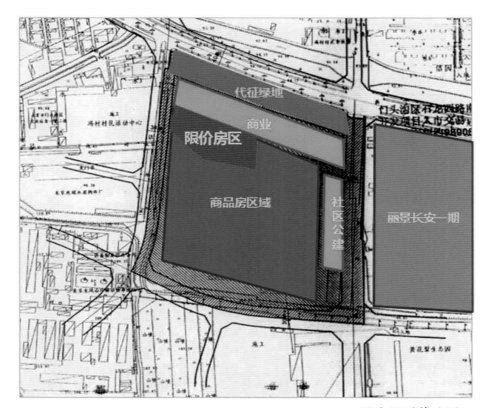

用地规划策略图

⊙ 主要经济技术指标

总用地面积：98 906.29平方米

建设用地面积：73 188.56平方米

总建筑面积：278 342平方米

地上总建筑面积：207 452平方米

住宅建筑面积：197 409平方米

居住公共服务用房建筑面积：2 443平方米

商业建筑面积：7 600平方米

地下总建筑面积：70 890平方米

容积率：2.83

建筑密度：18%

绿地率：30%

居住总户数：1 566

机动车停车位：1 350个

地上停车位：50个

地下停车位：1 300个

户型示意图

专家点评

1. 该项目位于北京市门头沟区，占地7.3万平方米，容积率为2.8。住区由商品房和限价房两部分组成，规划设计充分利用地形条件，在原有高差的基础上，合理安排地下车库和创造出良好的居住环境，节约了土方工程，并创造了与众不同的景观特色。规划布局合理，商品房和限价房有机融合，既有分区，又有共享的居住环境，有利于社会的和谐、稳定。住宅南北方向布局，日照通风条件良好。交通组织人、车分流，机动车全部安放于地下车库，地面有良好的步行环境，保障了老人、儿童室外活动的舒适、安全。利用住宅间距，营造了均好的花园、绿地等公共活动空间，周边配置了市、区两级商业设施，方便居民的使用。

2. 住宅设计合理，动静分离，干湿分离，且面积分配合理。

3. 在住宅科技方面，注重建筑的节能保温，充分利用被动节能措施，在节省造价的情况下，提高住宅的舒适度。

重庆 · 新鸥鹏 · 泊雅湾

开发单位：重庆远鸥地产发展有限公司（重庆新鸥鹏地产集团）

规划设计：豪斯泰勒张思图德建筑设计咨询（上海）有限公司

建筑设计：豪斯泰勒张思图德建筑设计咨询（上海）有限公司

景观设计：BSED蓝海（四川蓝海环境设计有限公司）

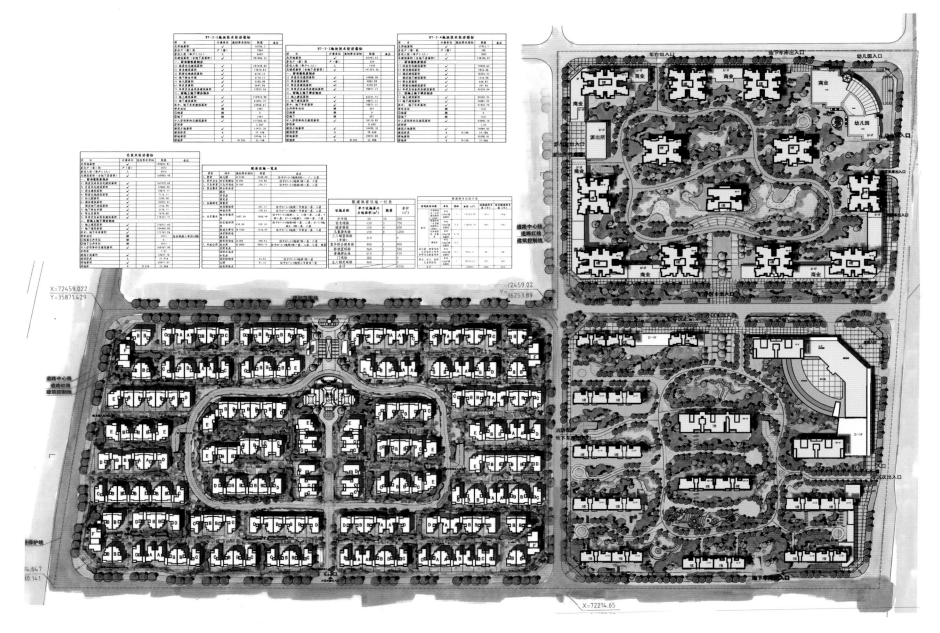

总平面图

▶ 项目概况

　　"重庆·新鸥鹏·泊雅湾"项目位于重庆市西部新城及大学城核心区域，前临虎溪河、背靠缙云山脉，周边公园环绕，毗邻15所高等学府，人文宜居大盘不彰自显。四面环路，可通过市政道路向东抵达大学城区域中心。

　　该项目总占地299亩，涵盖独栋别墅、奢华空中大小平墅、高层豪宅、精装公寓，配套五星级酒店、超40 000平方米高端商业街、国际双语幼儿园等综合配套，并率先引入云智能管理系统、智能家居系统、智慧社区系统、地源热泵、新风系统等全球领先的住宅科技，斥亿元重金打造了凯旋大道、生态溪谷、湿地湖泊、景观叠水、金水桥等皇家级园林景观，是新鸥鹏地产集团深耕20年后，精心献礼的智者城邦，中国的首席低碳生态科技豪宅。

鸟瞰图

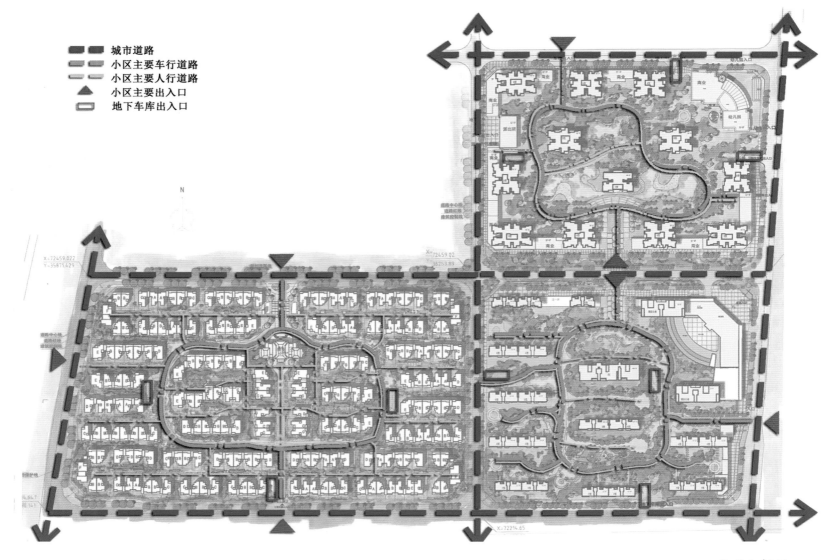

图例：
城市道路
小区主要车行道路
小区主要人行道路
小区主要出入口
地下车库出入口

交通分析图

▶ 主要经济技术指标

总用地面积：199 603.93平方米

总建筑面积：560 986.48平方米

高层及洋房住宅建筑面积：267 479.69平方米

多层住宅建筑面积：54 068.00平方米

商业建筑面积：19 819.77平方米

配套设施建筑面积：7 116.11平方米

幼儿园建筑面积：2 500.00平方米

酒店建筑面积：18 283.43平方米

地下综合超市建筑面积：3 170.11平方米

架空层建筑面积：7 670.68平方米

车库及设备用房建筑面积：179 321.71平方米

地上建筑面积：376 937.68平方米

地下总建筑面积：184 048.80平方米

地下车库建筑面积：175 762.86平方米

容积率：1.85

建筑密度：27.07%

绿地率：35.06%

居住户数：2 872

停车位：3 413个

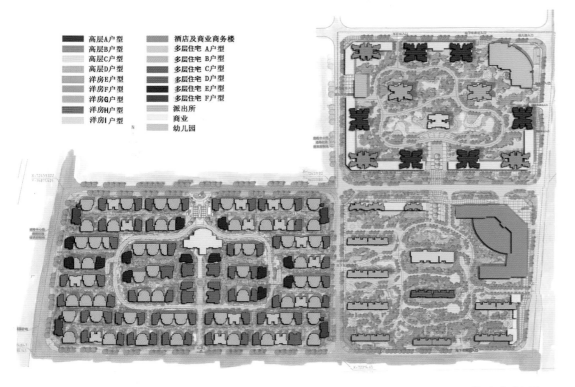

图例：
- 高层A户型
- 高层B户型
- 高层C户型
- 高层D户型
- 洋房E户型
- 洋房F户型
- 洋房G户型
- 洋房H户型
- 洋房I户型
- 酒店及商业商务楼
- 多层住宅A户型
- 多层住宅B户型
- 多层住宅C户型
- 多层住宅D户型
- 多层住宅E户型
- 多层住宅F户型
- 派出所
- 商业
- 幼儿园

产品分析图

由的花园式院落，布局合理且活泼有致，形成花园式庭院，全部地下停车场保障了院落的安全舒适。由于住宅造型的面积较大，所以绿地面积较为宽松，环境很好，住宅通风良好。

5. 中高层住宅全部为板式，强调了住宅的通风和日照的舒适、宜人，定位合理。住宅区配套齐全，在高层和中高层的住区安排了较多的商业设施，方便大多数人的生活。

6. 该项目定位符合市场需求，根据不同的市场需求提供了极致的产品，创造了优越的生活环境。

⮞ 专家点评

1. 该项目总面积将近20万平方米，由城市道路将其分为三部分，定位为三种不同模式的居住小区：一种为低层洋房，容积率为1.6；一种为高层住宅，容积率为3.8；另一种为中高层，容积率为2.2。

2. 三种不同的模式，构成了不同档次、不同居住特点的住区，为客户提供了多种市场选择。

3. 花园洋房住区，强调了更强的私密性和个性，加大了院落空间，并以两个相对的联排，强调了邻里之间温馨的感觉，环境均好且营造细致，突出了尊贵的品质和舒适的特点。全部地下停车场，更加彰显了室外环境的优越。

4. 高层住宅是多户的大塔楼形式，组成了自

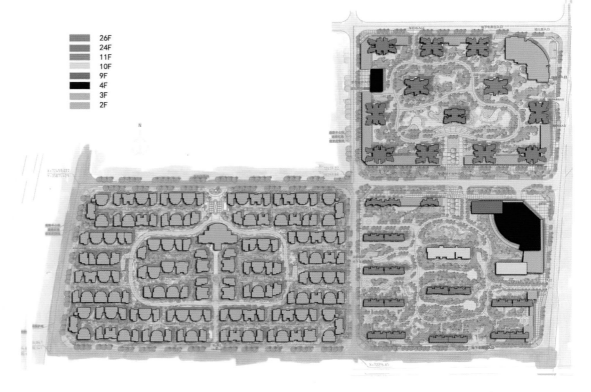

图例：26F 24F 11F 10F 9F 4F 3F 2F

高度分析图

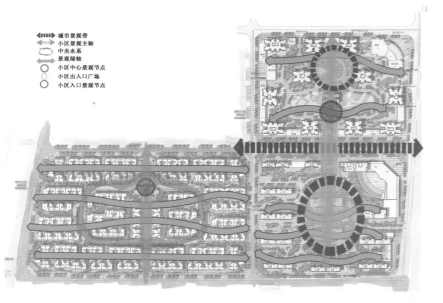

景观分析图　　　　　　　　　　　　　　　消防分析图

立体交通模式图

西安·蓝山水岸

开发单位：西安秦美置业有限公司
规划设计：中国建筑标准设计研究院
建筑设计：中国建筑标准设计研究院

▶ 项目概况

　　"西安·蓝山水岸"项目位于西安市国家民用航天产业基地，航创路与神舟三路十字东南角处。总占地面积65 964.74平方米，总建筑面积约25万平方米。本项目通过高水准的住区规划与建筑设计，打造了国际一流、高集成度的全国领先住宅；打造以市场需求为导向、具有优良品质住宅；打造宜居的持续性、高质量、环保节能住宅；打造生态型、健康型、景观型的宜居住宅区；通过在设计中运用国内领先的住宅技术建设开发本项目，树立高品质、高品位、高质量的企业项目形象。通过对住宅产业化，精装修等技术的大力推进，实现居住者对住宅高品质、可持续的要求，提升住宅性能，实现居住的长久价值，创建一个和谐、精致的宜居之城。在满足项目成本的前提下，引领西安新型居住模式。

▶ 主要经济技术指标

　　总用地面积：　北区32 517.38平方米
　　　　　　　　　南区33 447.36平方米
　　总建筑面积：　北区144 300.6平方米
　　　　　　　　　南区111 615.12平方米
　　地上总建筑面积：北区91 037.19平方米
　　　　　　　　　　南区73 669.12平方米
　　地下总建筑面积：北区38 755.41平方米
　　　　　　　　　　南区30 865平方米
　　容积率：　北区3.25；南区2.41
　　建筑密度：北区29.3%；南区29.1%
　　绿地率：35%
　　居住户数：北区550；南区495
　　机动车停车位：北区1 075个；南区830个
　　地上机动车停车位：北区234个；南区177个
　　地下机动车停车位：北区841个；南区653个

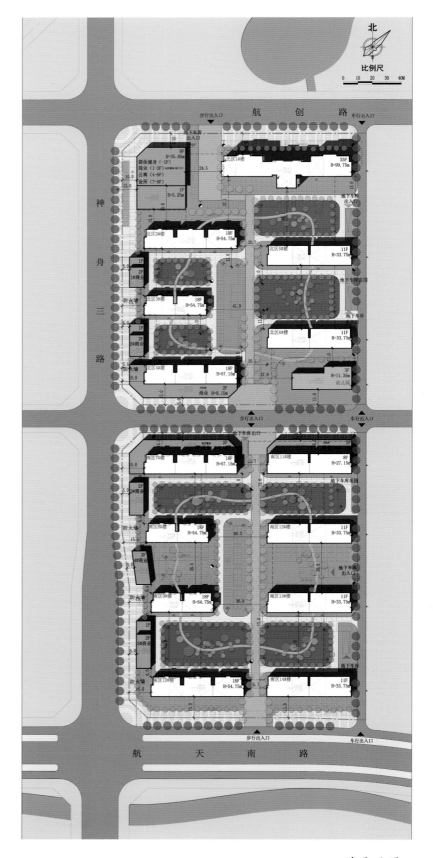

总平面图

鸟瞰图

⊳ 专家点评

　　1. 改项目位于西安市南部中轴线的末端，规模为6.59万平方米，被城市道路分为两个街坊。每个街区为3万多平方米。住宅为18层和11层组合，外加一栋百米住宅。容积率分别为3.28和2.8，停车率为每户两辆。周边配套较为齐全，紧邻城市公园，交通方便。

　　2. 规划设计从健康、舒适，具有活力的居住环境出发，以宜人的尺度，营造了各自独立的生活院落。虽然是行列式布局，但住宅错落排列，长短结合，形成趣味十足的空间院落，大大增加了邻里之间的交流。住宅采用板式南北向布局，阳光充足，通风良好。为了增加城市的活力，沿城市道路连续布置了商业裙房，烘托了城市繁华的商业气氛，同时也起到了屏蔽城市噪声的作用。公共设施的位置安排合理，幼儿园临城市道路布置，方便接送儿童。

　　3. 建筑设计产业化水平高，引入住栋、套型、部品的标准化设计，实现主体、内装的工业化施工。达到主体的耐久性和内部空间的可变性。住宅设计舒适健康，适老性强，并注重节能环保与环境共生。

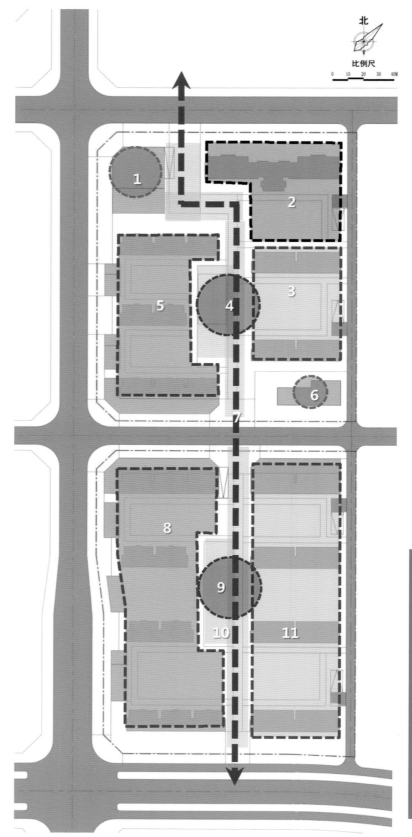

1. 社区服务空间
2. 33层观景住宅区
3. 11层180平米住宅区
4. 社区一级核心空间
5. 18层120平米住宅区
6. 社区服务空间
7. 社区主要空间轴线
8. 18层120平米住宅区
9. 社区一级核心空间
10. 社区核心空间景观
11. 11层180平米住宅区

规划结构图

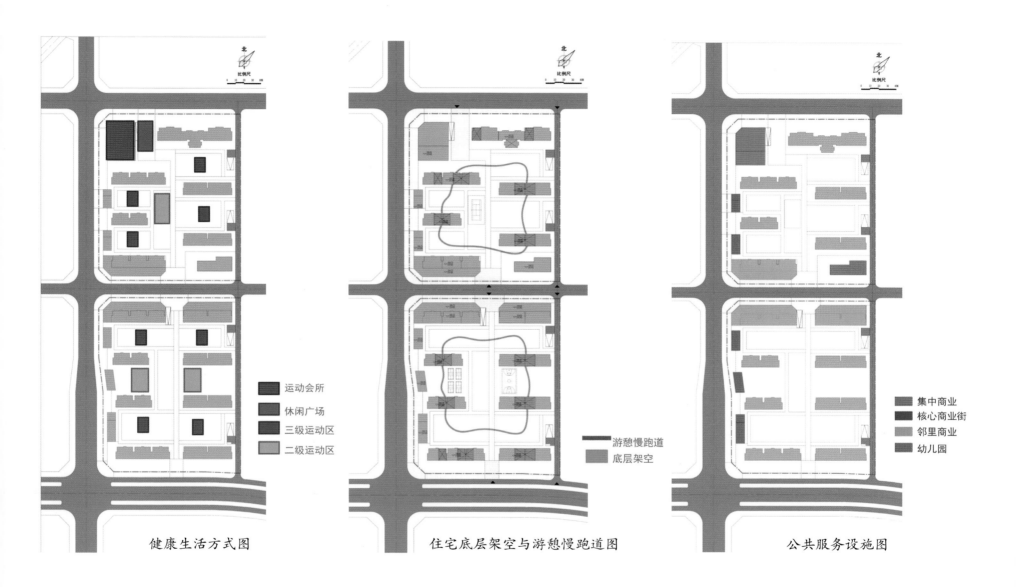

健康生活方式图

运动会所
休闲广场
三级运动区
二级运动区

住宅底层架空与游憩慢跑道图

游憩慢跑道
底层架空

公共服务设施图

集中商业
核心商业街
邻里商业
幼儿园

郑州 · 名门紫园

开发单位：中牟名兴房地产有限公司
规划单位：广州易象建筑设计咨询有限公司
建筑单位：广州易象建筑设计咨询有限公司
景观单位：河南筑雅景观设计有限公司

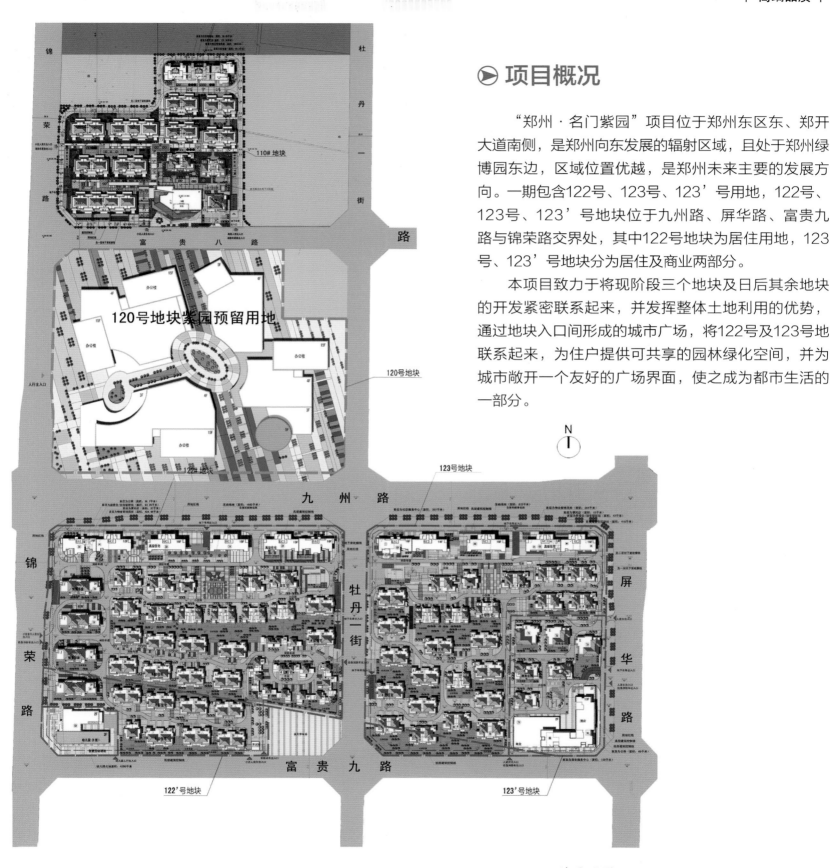 项目概况

"郑州·名门紫园"项目位于郑州东区东、郑开大道南侧,是郑州向东发展的辐射区域,且处于郑州绿博园东边,区域位置优越,是郑州未来主要的发展方向。一期包含122号、123号、123'号用地,122号、123号、123'号地块位于九州路、屏华路、富贵九路与锦荣路交界处,其中122号地块为居住用地,123号、123'号地块分为居住及商业两部分。

本项目致力于将现阶段三个地块及日后其余地块的开发紧密联系起来,并发挥整体土地利用的优势,通过地块入口间形成的城市广场,将122号及123号地联系起来,为住户提供可共享的园林绿化空间,并为城市敞开一个友好的广场界面,使之成为都市生活的一部分。

总平面图

鸟瞰图

主要经济技术指标

总建设用地面积：122号 79 633平方米

123号 50 729平方米

123'号 16 287平方米

总建筑面积：122号 171 236.18平方米

123号 122 514.07平方米

123'号 44 932.56平方米

地上建筑面积：122号 106 909.09平方米

123号 70 994.58平方米

123'号 31 395.11平方米

地下建筑面积：122号 64 327.09平方米

123号 51 519.49平方米

123'号 13 537.45平方米

容积率：122号 1.34

123号 1.40

123'号 1.93

建筑密度：122号 24.19%

123号 23.90%

123'号 36.86%

绿地率：122号 43.19%

123号 38.33%

123'号 31.27%

居住户数：122号 381户

123号 255户

地下机动车停车位：122号 762个

123号 510个

123'号 346个

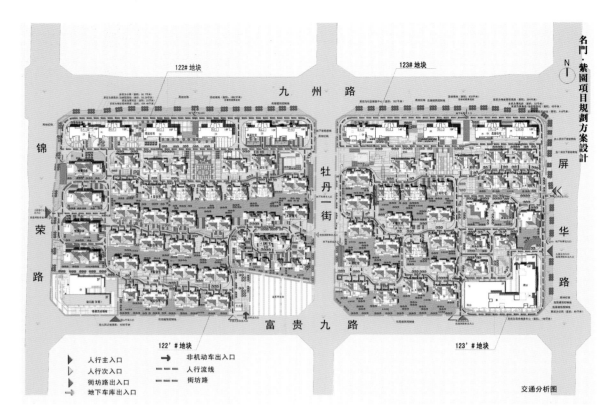

交通分析图

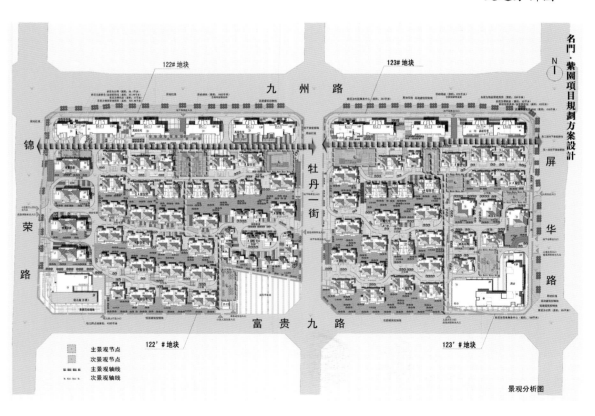

景观分析图

A1型A1-19--A1-1轴立面图

▶ 专家点评

1. 规划结构紧凑、清晰，张弛有度，东西两地块结合紧密。

2. 无论高层、花园洋房还是低层住宅均设有地库，很好地解决了地块内人车分流的问题，保证了高档住区区内环境的纯粹性。

3. 借助建筑单体底层的刻画，在地块中营造出立体丰富的高差，不但使地下车库可自然采光通风，同时增加了空间的趣味性、丰富了园林层次、提升了住宅区的品质感。

4. 地块内不同的产品类型造就了丰富的建筑体量，同时充分结合周边地块（如绿博园方向）的视觉效果，最北侧的高层部分高低错落，造就了丰富的城市天际线，将城市界面要求与景观朝向进行最大限度的整合统一。

5. 主景观轴明确，利用高差自然地分隔了不同档次的产品类型，为整个住区尤其是北侧的高层住宅提供较好的景观资源。

6. 多层及高层住宅首层入口处采用了贯穿梯的设计，电梯厅及住宅门厅前后分置，楼梯则从北侧另外组织疏散，设计别具匠心，有效减少了入口对首层户型的影响，赢得了空间完整的入口大厅；标准层采用了双电梯厅的设计，增加了电梯及电梯厅的归属感；这些设计手法均大大地提升了住宅公共空间的品质及奢华感。

7. 低层住宅部分按照类别墅的产品类型进行设计，但私家车流线完全有组织地进入入地库的做法非常成功，为该类型的住宅争取了更多的绿地及景观资源。

8. 建筑立面上基本认可整体的建筑风格，为城市提供一个简洁明快的城市立面。

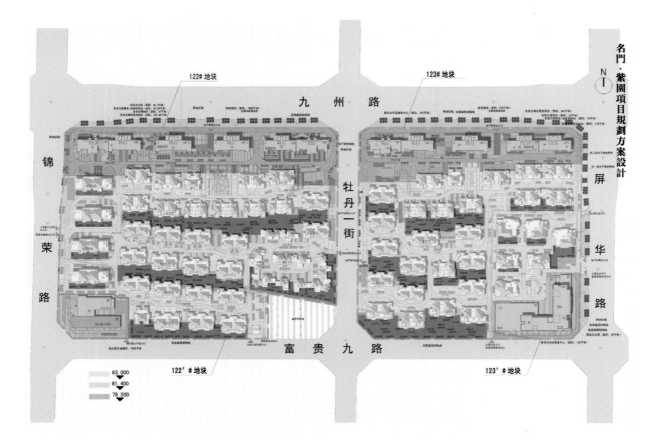

竖向标高分析图

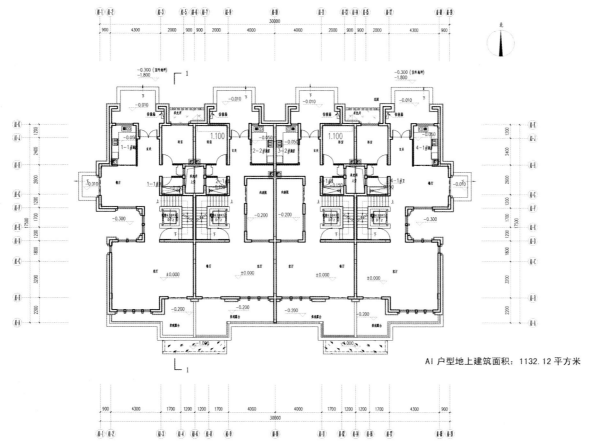

A1户型地上建筑面积：1132.12平方米

A1户型一层平面图

金第万科·金域东郡

开发单位：北京万瑞房地产开发有限公司
建筑设计：北京市住宅建筑设计研究院有限公司
景观设计：盛凯上景（北京）景观规划设计有限公司

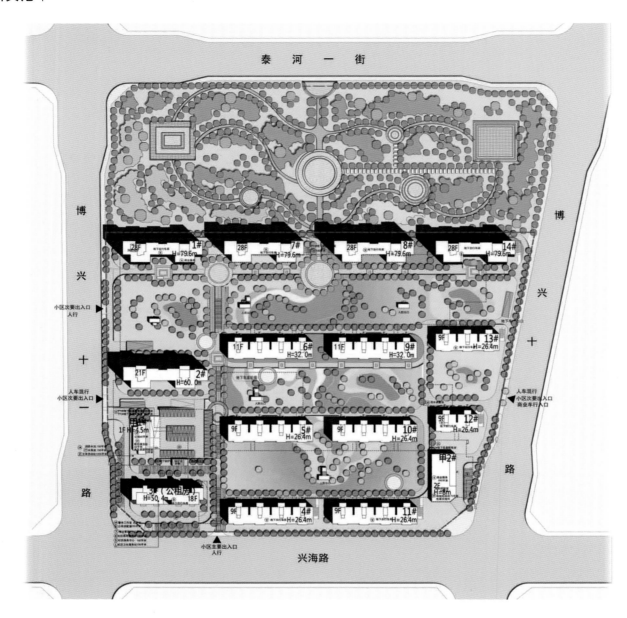

总平面图

▶ 项目概况

　　"金第万科·金域东郡"项目位于北京市重点发展新城——亦庄核心，该区域是亦庄近期重点打造的配套服务设施完善、环境宜人的综合性居住新区，规划建有丰富的教育、商业、文娱、体育、医疗、生态公园等配套，是万科与住总联袂钜献的又一品质力作。

　　该项目结合自身特点，力求为居者打造高性能住宅，定义新居住标准。该项目以万科专业研发为后盾，对客群24小时行为进行深入解析，并根据客户实际需求，深入开展户型优化升级，精琢区域稀缺75平方米/92平方米新品。

　　该项目北侧紧邻约3万平方米运动公园。该公园从设计到施工均

由万科全程参与，除打造四季皆宜的园林美景之外，公园还将建造标准篮球场、五人制足球场、网球场等运动场地，并设置儿童活动区、活力慢跑道等，力求为各个年龄层业主提供一处亲近自然、健康动感的户外活动场所。

　　该项目与区域商业、文娱中心、医院等核心配套仅一街之隔，使居者享受步行可达的便捷生活体验。为满足客户日常生活所需，还精心设计1 000平方米社区商业，规划引入便利店、中餐厅、洗衣房、药店、银行ATM等业态，让家门口的便利成为可能。

鸟瞰图

效果图

交通分析图

▶ 主要经济技术指标

总用地面积：57 825.5平方米

总建筑面积：207 870.47平方米

地上总建筑面积：144 563.75平方米

住宅建筑面积：142 496.75平方米

配套公建建筑面积：1 867.00平方米

地库出入口建筑面积：200.00平方米

地下总建筑面积：63 306.72平方米

住宅建筑面积：8 939.48平方米

配套公建建筑面积：4 121.24平方米

地下地库建筑面积：50 246.00平方米

容积率：2.50

绿地率：30%

建筑密度：17.71%

居住户数：1 788

机动车停车位：1 807个

地上停车位：180个

地下停车位：1 627个

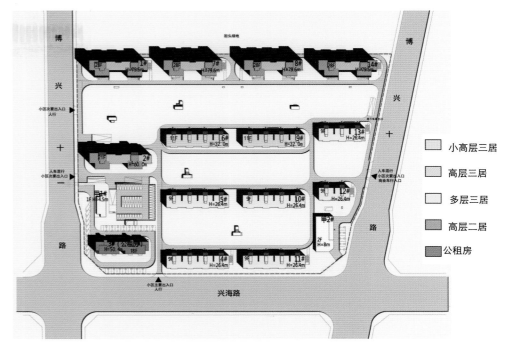

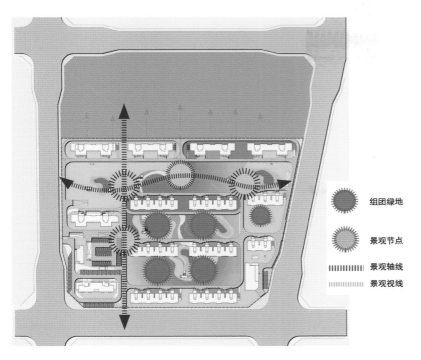

景观结构图

- ☀ 组团绿地
- ☀ 景观节点
- ▮▮▮ 景观轴线
- ┈┈ 景观视线

□ 小高层三居
□ 高层三居
□ 多层三居
■ 高层二居
■ 公租房

户型分布图

⊳ 专家点评

1. 该项目位于亦庄新城河西的居住区，街坊规划设计的一块，周边配套设施齐全，该地块北侧为城市绿地，有较好的休闲环境。

2. 该项目规划为多层和高层两组，各形成半封闭的庭院景观，分别形成多层绿轴和高层绿轴的景观流线，使内部有较好的景观空间，居住安静、舒适，出行方便。

3. 住宅套型设计通透、通风，日照较好，体型简洁现代，富有时代感。

4. 住宅应用了低碳、节能技术，半预制构件特别是楼梯间的构件应用，取得了较好效益的效率。

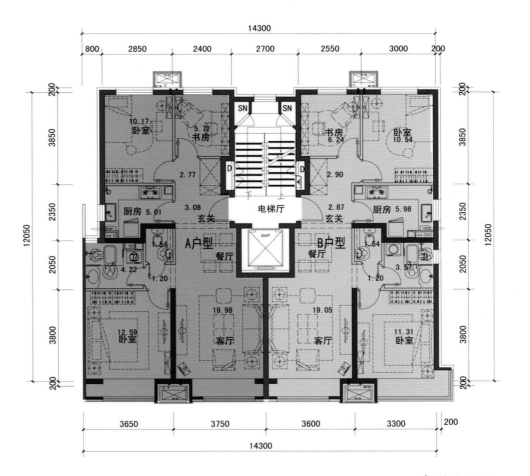

户型平面图

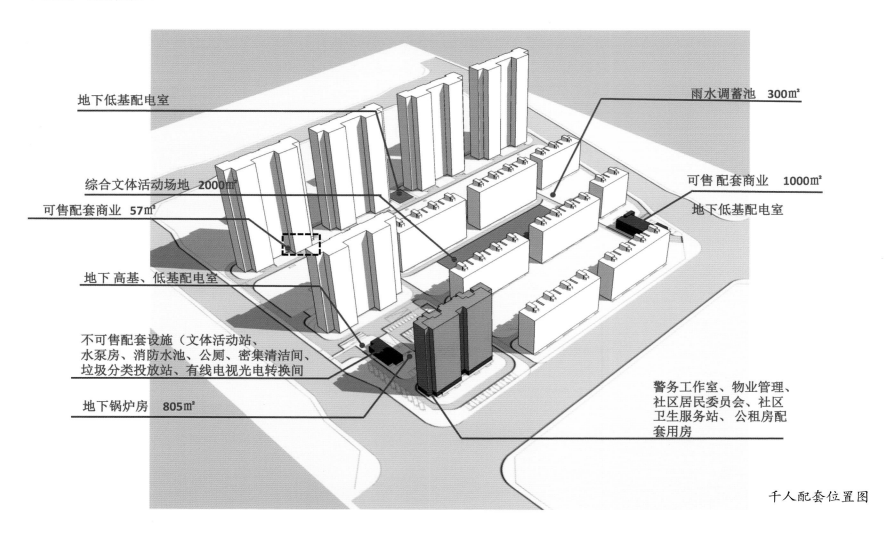

地下低基配电室

雨水调蓄池　300㎡

综合文体活动场地　2000㎡

可售配套商业　1000㎡

可售配套商业　57㎡

地下低基配电室

地下 高基、低基配电室

不可售配套设施（文体活动站、
水泵房、消防水池、公厕、密集清洁间、
垃圾分类投放站、有线电视光电转换间

警务工作室、物业管理、
社区居民委员会、社区
卫生服务站、公租房配
套用房

地下锅炉房　805㎡

千人配套位置图

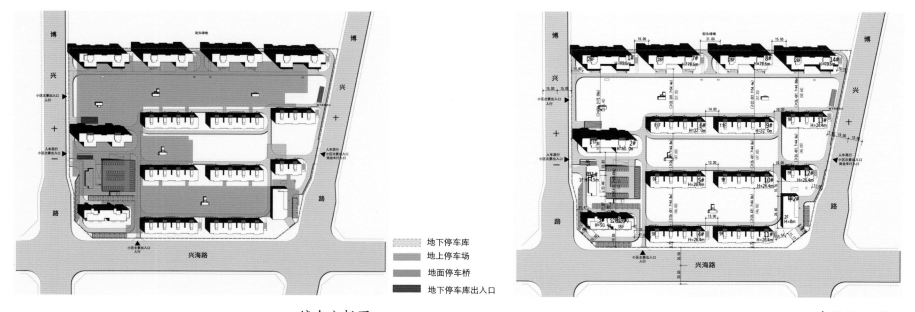

地下停车库

地上停车场

地面停车桥

地下停车库出入口

停车分析图

建筑间距图

空港绿地新城

开发单位：绿地集团陕西西咸空港置业有限公司
规划设计：上海水石建筑规划设计有限公司
建筑设计：广东粤建设计研究院有限公司
景观设计：上海墨刻景观工程有限公司

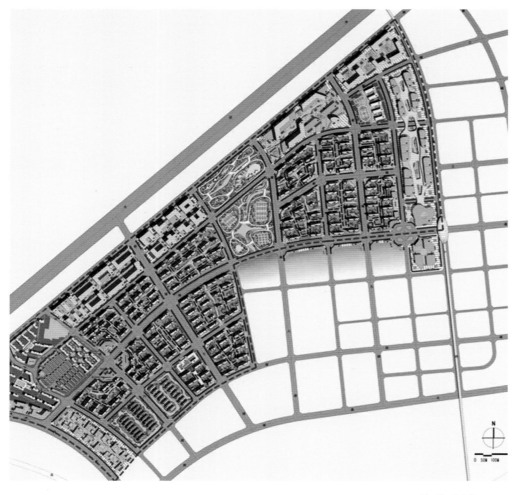

总平面图

商业区图

项目概况

"空港绿地新城"项目位于陕西省咸阳市西咸新区西北部，咸阳机场附近，空港南环路以东，北至泾河，南至福银高速，东接秦汉新城，西抵西咸新区边界，规划范围141平方千米；主体功能是建设西部地区空港交通枢纽和临空产业园区，以临空产业为主，重点发展空港物流、飞机维修、国际贸易、现代服务业等产业；是西安国际化大都市未来拓展的重点区域。

该项目定位以联排别墅及类独栋别墅为主，沿街布置商业。

该项目所在区域为"空港国际商务居住区"，结合自身特色打造一个有一定国际特色的居住区，将住宅区与产业区有机地结合起来，满足政府对"现代田园城市"的要求，而且还要为机场这个重要的交通枢纽提供可能的商务办公等航空配套服务功能。

鸟瞰图

▶ 主要经济技术指标

总用地面积：3 355 420平方米；一期98 217平方米；
二期135 880平方米

公建总用地面积：1 103 705平方米

住宅总用地面积：1 964 949平方米

海派国际居住区：637 509平方米

新亚洲高尚居住区：1 327 440平方米

公共绿化总用地面积：287 164平方米

总建筑面积：5 033 130平方米；一期150 897.66平方米；
二期87 577平方米

公建总建筑面积：1 509 940平方米

住宅总建筑面积：3 523 190平方米

海派国际居住区：1 444 980平方米

新亚洲高尚居住区：2 076 210平方米

公共绿化总建筑面积：2 000平方米

容积率：2.0（不含道路）；一期1.26；二期0.64

绿地率：一期30.1%，二期31.1%

建筑高度：40米

高端住房效果图

▶ 专家点评

1. 该项目立足西咸空港经济圈的产业特征、文化属性和生态目标，围绕"空港国际商务居住区"的功能定位，着力研究新城与空港的关系、新城与田园的关系、新城与产业发展的关系、新城与居住需求的关系及新城与城市轨道交通的关系等要素，规划设计了由七大板块构成，涵盖居住、办公、商业、餐饮、休闲、物流等核心功能，以绿色生态、健康宜居为亮点的复合型产业生态新城。

2. 该项目的最大亮点在于进一步提出了"智慧生活、融合服务"的建设理念，并围绕这一理念构建了智慧社区的整体框架和实施方案。其从民生、服务、管理、产业、技术和人文方面展开了深入的构成分析，搭建了智慧社区的的生态系统、应用体系、数据库基础设施的感知手段等框架组织图；从安全的家、节能的家、智慧的家、数字的家和健康的家等几个方面进一步明确了物联网时代智慧社区的若干构成要素和系统构成，并围绕健康监测、智能家居、生态家园、智能社区服务等方面进行了创新性的有益探索。

重庆国际贸易港城
（绿地·保税中心）

开发单位：绿地控股集团西南房地产事业部重庆绿地申港房地产开发有限公司

规划设计：上海祥星建筑设计事务所（UA国际）

建筑设计：上海祥星建筑设计事务所（UA国际）

上海筑高建筑设计事务所

景观设计：上海广亩景观设计有限公司

📍 项目概况

　　"重庆国际贸易港城（绿地·保税中心）"项目位于重庆市寸滩片区，处于城市核心区江北区和北部新区的交界地带，紧靠保税港水港区围网，作为保税港水港区的商务配套项目，自然条件优越，周边配套成熟，交通规划路网发达。

　　该项目由北到南依次为东、南、西、北4个地块，分四期建设，南地块G2-1/06为一期建设，西地块G32-3-1/04为二期建设，东地块G37-1-2/04为三期建设，北地块G37-1-3/04为四期建设，建设功能为办公、商业、酒店、公寓、住宅、地下车库及配套设施。

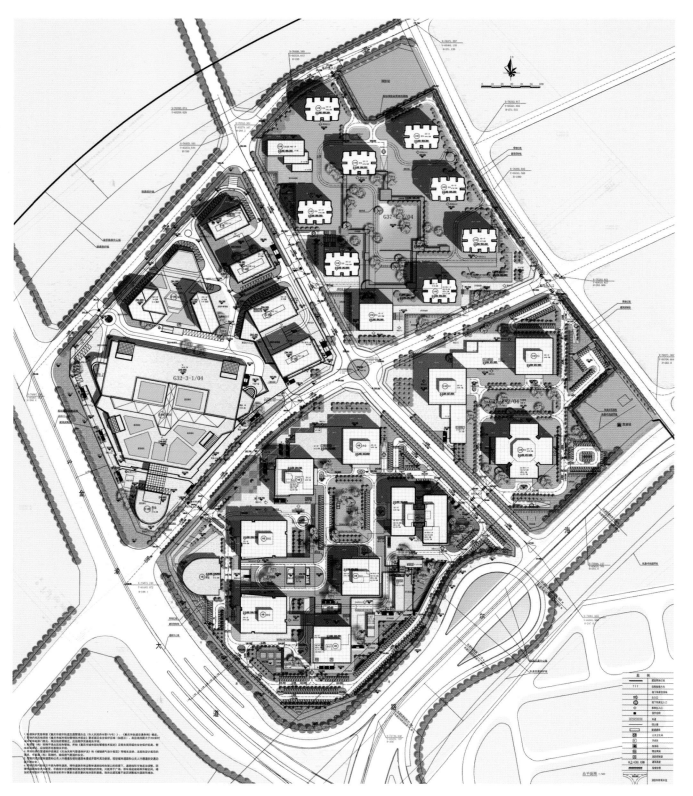

总平面图

鸟瞰图

功能分析图

消防分析图

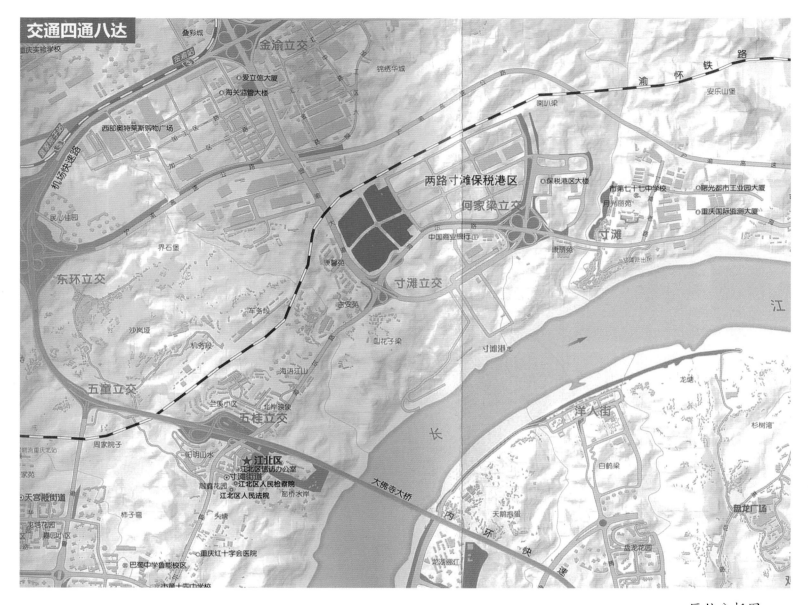

区位分析图

⊙ 主要经济技术指标

建设用地面积：211 995平方米

总建筑面积：1 181 494.7平方米

地上建筑面积：849 027.68平方米

居住：210 528.76平方米

配套用房：6 962.99平方米

公建：631 535.93平方米

地下建筑面积：332 467.02平方米

容积率：4.00

建筑密度：30.00%

绿地率：30.00%

总户数：2 850

总停车位：8 250个

地上停车位：555个

地下停车位：7 695个

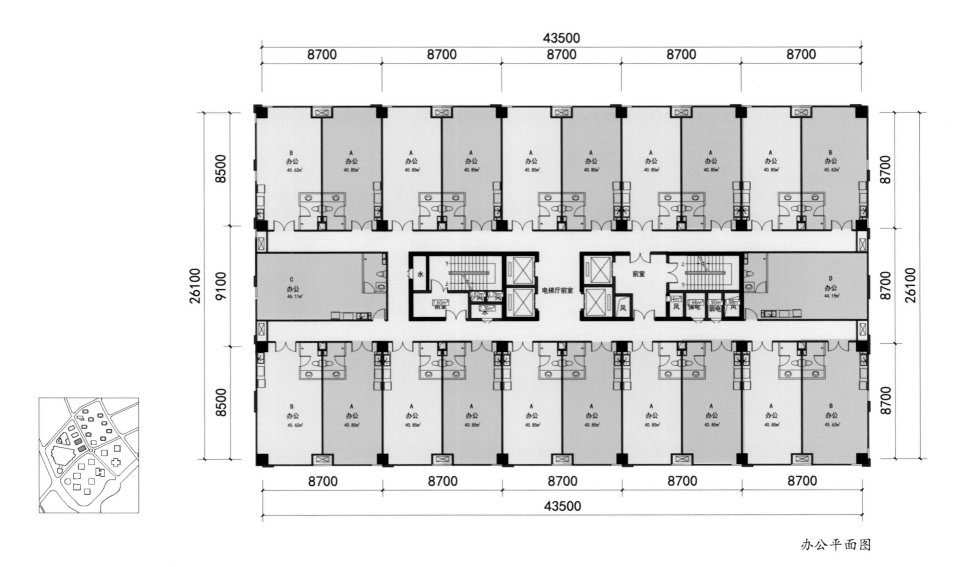

办公平面图

▶ 专家点评

1. 该项目占地21.1万平方米，内容是国际贸易港城，集商业、办公和住宅为一体的综合项目，容积率为4，设计阶段为修建性评规。

2. 规划定位正确，集产业办公、商业，住宅为一体，体现了城市功能的复合性，产城融合能很好地解决就近就业问题，对城市交通及噪音的缓解都十分有利，对房地产的健康发展也提出了很好的出路。

3. 该项目充分利用地下空间，打造地上、地下交通双环线，提高城市的交通效率，同时节约用地。

4. 集中商业的设置方便了居民及产业人员的使用，同时提升城市的繁华程度，集聚了人气，对区域的快速发展十分有利。

5. 修建性规划能从城市的总体要求出发，合理组织交通、城市公共空间和每个街区的内部功能，大大提升了城市重点地区的城市形象，完善了城市的功能。

人行分析图

绿化分析图

住宅人行流线
商业人行流线
办公人行流线
酒店人行流线
城市规划道路
地块市政道路
新增城市道路
人行出入口

景观轴线
景观节点
中心景观
江景渗透
中心景观

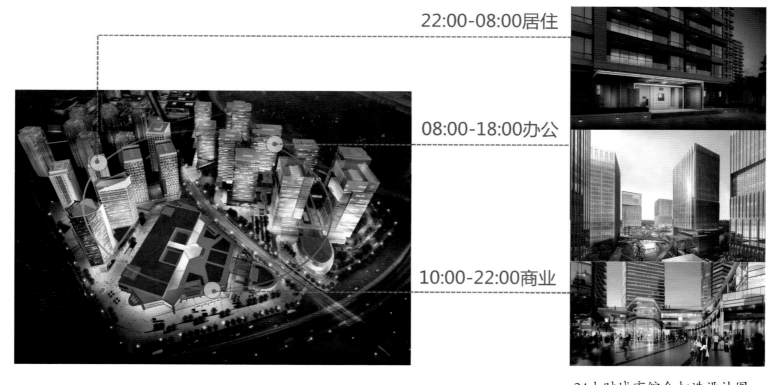

22:00-08:00居住

08:00-18:00办公

10:00-22:00商业

24小时城市综合打造设计图

固安产业新城

运营单位：华夏幸福基业股份有限公司

固安核心区中央公园夜景效果图

▶ 项目概况

"固安产业新城"位于天安门正南50千米，与北京大兴区一河之隔。

华夏幸福打造幸福城市的一个样本，便是固安产业新城。

2002年6月28日，固安引入了国内领先的产业新城运营商——华夏幸福基业股份有限公司，进行工业园区的投资开发及运营。固安的发展路径遵循了华夏幸福产业新城产品一以贯之的"以产兴城、以城带产、产城融合、城乡一体"的发展理念。

在这样的理念之下，截至2013年12月底，华夏幸福已为固安产业新城投入基础设施资金200多亿元，累计引入企业近400家，实现了项目签约投资总额超600亿元。

固安的县域经济也突飞猛进：从21世纪初一个经济发展水平位居廊坊市"后三名"的典型农业县，一跃成为2013年公共财政预算收入在河北省135个县（市）中排名第七位的产业强县，财政收入十年间增长了24倍。

短短12年时间，华夏幸福产业发展能力和整合开发运营能力，令这方热土带给了我们难以计数的惊喜。农业县蝶变工业强县，进而迈向产业强县，"固安实践"奋力打造区域经济转型升级的绿色样本；工业园区蝶变产业新城，进而迈向幸福城市，"固安实践"努力探索以人为本新型城镇化的真谛……

鸟瞰图

固安福朋酒店实景图

固安肽谷生命科学园实景图

固安航天科技城

入园企业航天振邦实景图

兰州绿地智慧金融城

开发单位：绿地集团兰州新区置业有限公司

规划设计：上海耀安建筑设计事务所

建筑设计：上海耀安建筑设计事务所

景观设计：上海墨刻景观工程有限公司

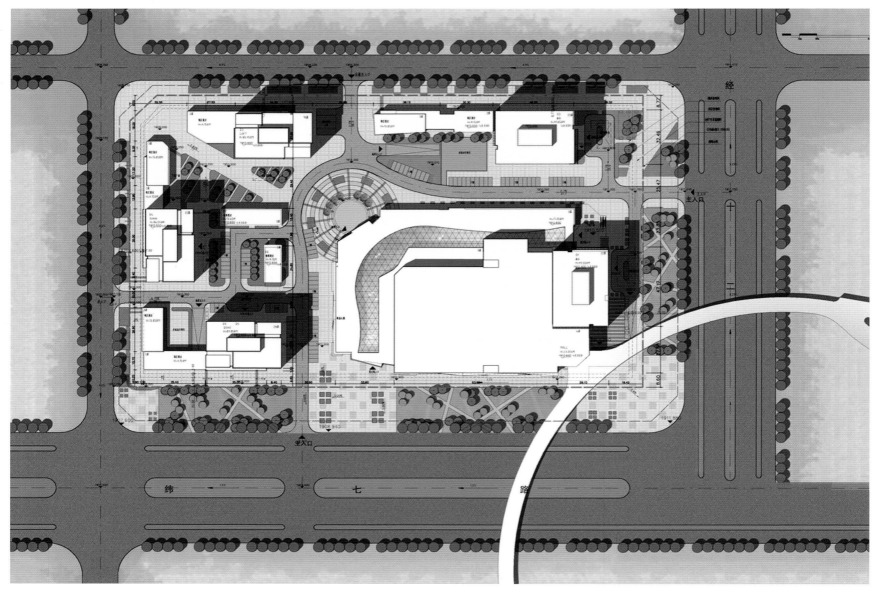

总平面图

▶ 项目概况

"兰州绿地智慧金融城"项目位于甘肃省兰州新区,距兰州市区66千米,占地约2 000亩,地上总建筑面积约380万平方米,包括低层住宅8.5万平方米,高层住宅150万平方米,商业面积54万平方米,办公、公寓面积150万平方米以及6.5万平方米的教育面积。

该项目属于绿地智慧金融城一期,位于智慧金融城中央金融核心区域,南部和东部是商业和办公地块,西部和北部是住宅地块,西侧与北侧紧靠行政服务区。周边交通便利、环境优美、市政设施及城市辅助功能完善。

未来,该项目将建设成为集兰州新区的金融中心、国际会议中心、大型购物中心、影视中心、星级酒店、文化娱乐、国际化物业管理服务中心、高端生态居住中心为一体的超大型城市综合体。

绿地智慧金融城以"金融先行、产融结合、再造兰州"为主线,发展以科技金融、绿色金融、基础设施金融以及产业主题金融为特色的金融产业,融合科技研发、商业办公、文化休闲、生态宜居等多元功能复合的绿地生态智慧新城,辐射大西北的国家金融创新服务基地。

鸟瞰图

南向透视图

独立商业立面图

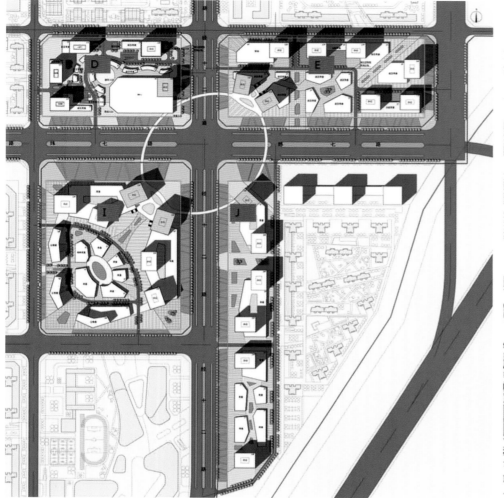

金融核区域总平面图

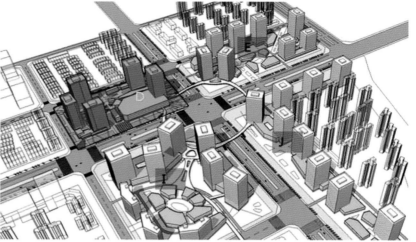

金融核区域鸟瞰示意图

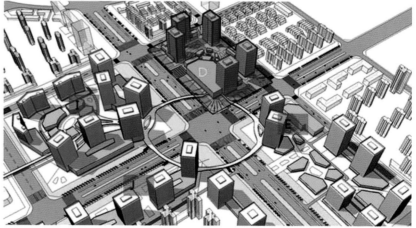

金融核区域鸟瞰示意图

▶ 主要经济技术指标

总用地面积：50 802.4平方米

总建筑面积：240 464.12平方米

地上建筑面积：193 716.44平方米

MALL：43 636.24平方米

沿街商业：14 365.02平方米

独栋商业：1 406.00平方米

办公：58 618.12平方米

LOFT：17 512.88平方米

SOHO：58 178.18平方米

地下建筑面积：46 747.68平方米

基底面积：20 316.00平方米

容积率：3.81

建筑密度：40.00%

绿地率：25.00%

机动车停车位：1 147个

地上机动车车位：106个

地下机动车车位：1 041个

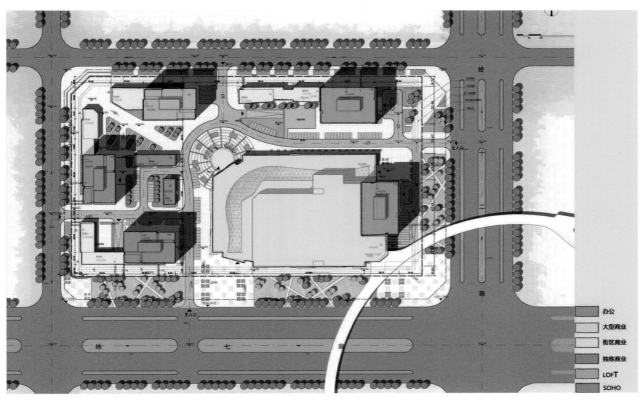

功能分析图

图例：
- 办公
- 大型商业
- 街区商业
- 独栋商业
- LOFT
- SOHO

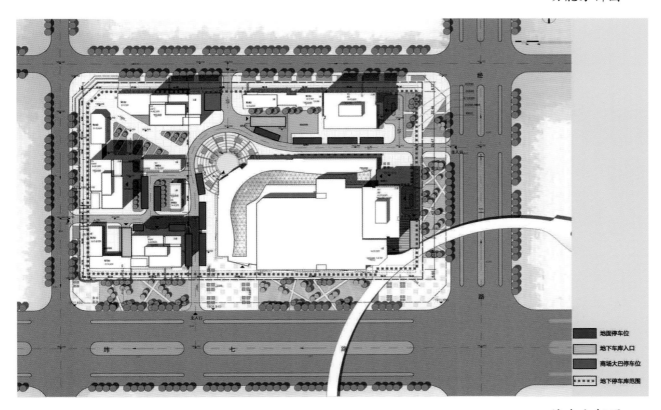

停车分析图

图例：
- 地面停车位
- 地下车库入口
- 商场大巴停车位
- 地下停车库范围

▶ 专家点评

1. 该项目属于绿地智慧金融城一期，用地面积达5万平方米，是集金融、会议、购物休闲、生态居住为一体的大型城市综合体。

2. 该项目在交通组织方面，采用人车混行的交通布局方式，出入口位置合理。形体方案的演绎充分考虑了景观、功能、交通、立面设计等多种因素，规划结构较为合理，考虑了与周边地块的组合、呼应关系。沿主干道布置的高层塔楼和大型商业设施形成的城市形象面有助于形成该地区的标志性建筑。

3. 商务办公便于观景，也形成了本项目的良好天际线。

苏州·首开·常青藤

开发单位：苏州首开融泰置业有限公司
规划设计：中外建工程设计与顾问公司
建筑设计：苏州城发建筑设计院有限公司
景观设计：上海复旦规划建筑设计研究院有限公司

九 龙 仓 用 地

城 市 公 园

通 达 路

苏 杭 高 速

通 湖 路

▶ 小区出入口
新建建筑
小区绿地
市政绿地
道路
道路铺砌
地上停车位
地上自行车停车位
下沉庭院

总平面图

▶ 项目概况

"苏州·首开·常青藤"项目位于江苏省苏州市吴中经济开发区尹山湖板块。尹山湖板块是苏州吴中区总体规划确定"重点发展区域"的核心区域。东面紧邻尹山湖、南侧直面运动公园，沿湖有规划中的40万平方米的商业综合体系，周边老街商业及教育设施配套完善；轨道和公交通达，主次路皆平整，出行方便，景观资源丰富，宜居性强。

该项目于2012年年中开始进行规划设计，为打造高品质人文宜居住宅小区，推出联排别墅，叠拼别墅和高层住宅三种产品类型。目前，正在进行现场施工阶段。

该项目采用意大利托斯卡纳风格，体现自然、质朴、优雅、能与环境紧密结合的设计理念。为追求健康生活和心灵归属及崇尚文化积淀和低奢理念的新财富阶层提供最佳宜居地。

鸟瞰图

六户联排别墅效果图（北入口）

四户联排别墅效果图（南入口）

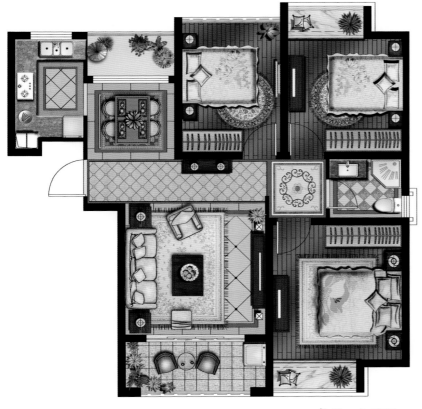

高层A户型图

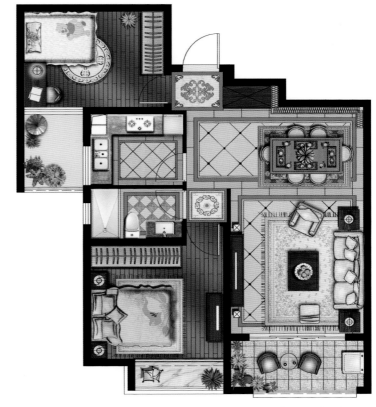

高层B户型图

▶ 主要经济技术指标

总用地面积：120 653.9平方米

总建筑面积：259 111.07平方米

地上建筑面积：183 909.36平方米

住宅建筑面积：179 458.35平方米

配套公建建筑面积：3 496.49平方米

非配套公建建筑面积：957.52平方米

地下建筑面积：75 207.71平方米

容积率：1.4999

建筑密度：29.80%

绿地率：37.34%

居住户数：1 414

机动车停车位：1 530个

地上停车位：62个

地下停车位：1 468个

高层C户型图

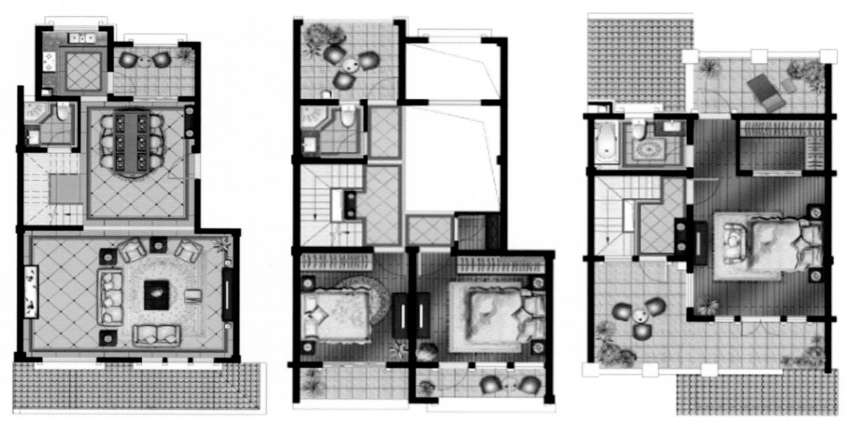

叠拼E3　3、4、5层图

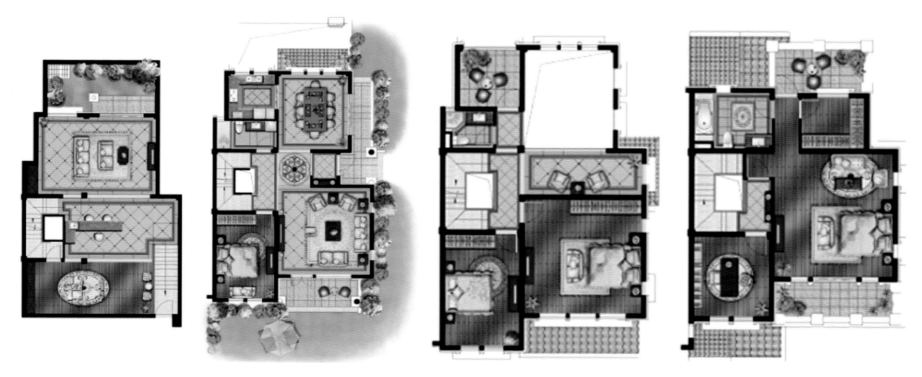

联排D4地下室及1层图

联排D4　2层及3层图

经营性服务用房

▶ 专家点评

1. 该项目位于苏州市吴中经济开发区，占地面积12万平方米，一面临水，三面临路，环境优美，交通方便，容积率为1.4。

2. 该项目以花园洋房为主，配以数栋高层，形成两个不同功能的住区，充分利用水资源的优势，布置了高档洋房，赢得了市场的高回报，临城市交通干道布置了高层塔式住宅，以取得面积的提升。

3. 花园洋房部分注重居住的私密性，有较大的院落空间，环境良好。洋房的平面设计较为成熟，功能解决得较好，面积分配合理，平面紧凑。

4. 在节能技术方面，采用的技术较多，尤其是被动节能做得比较好。

中南唐山湾

开发单位：唐山中南国际旅游岛房地产投资开发有限公司

规划设计：上海思纳建筑规划设计有限公司

建筑设计：中国建筑上海设计研究院有限公司

景观设计：广东棕榈园林设计有限公司

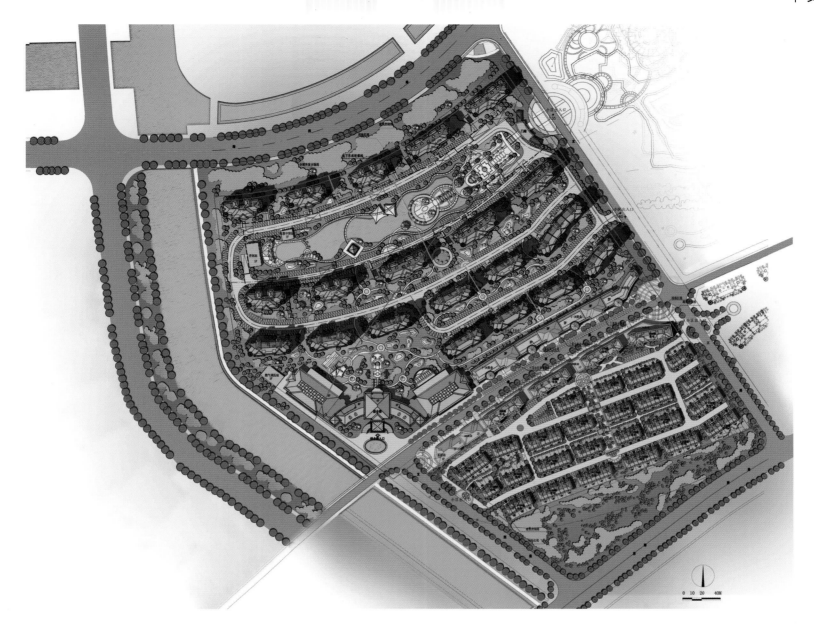

总平面图

▶ 项目概况

　　"中南唐山湾"项目位于河北省唐山湾国际旅游岛核心区域，怀抱京、津、唐、秦四市，鼎立环渤海"京津唐"为龙头的环渤海经济圈，距离北京250千米，距离天津130千米，距离唐山市75千米，距离曹妃甸国际级工业区和曹妃甸生态城30千米，形成了唐山市重要三节点。

　　该项目拥有北方地区稀有的海洋自然资源，集海岛、海水、海鲜、沙滩、温泉、生态及佛教文化等资源于一体，是渤海湾沿线温度和湿度最均衡的地区，有北方地区少有的优质海水资源，也是京津唐地区空气质量最好的地方。

　　该项目占地9.5平方千米，是唐山国际旅游岛乃至京津唐地区最大的旅游地产项目，是集居住、度假、旅游、休闲、娱乐、养生、养老、商会、餐饮、购物等功能于一体的生态城邦，涵盖海景洋房、别墅、会所、商业中心、美食街、主题乐园、海洋馆、游艇俱乐部、高尔夫球场、温泉、酒店及养老社区等多种业态，建成后将成为环渤海经济圈最耀眼的明珠。

鸟瞰图

商业沿街日景

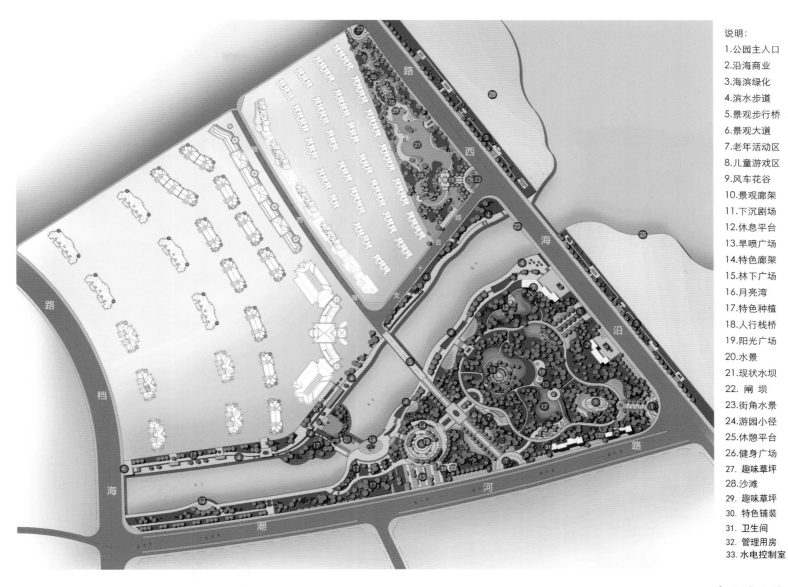

说明:
1. 公园主入口
2. 沿海商业
3. 海滨绿化
4. 滨水步道
5. 景观步行桥
6. 景观大道
7. 老年活动区
8. 儿童游戏区
9. 风车花谷
10. 景观廊架
11. 下沉剧场
12. 休息平台
13. 旱喷广场
14. 特色廊架
15. 林下广场
16. 月亮湾
17. 特色种植
18. 人行栈桥
19. 阳光广场
20. 水景
21. 现状水坝
22. 闸 坝
23. 街角水景
24. 游园小径
25. 休憩平台
26. 健身广场
27. 趣味草坪
28. 沙滩
29. 趣味草坪
30. 特色铺装
31. 卫生间
32. 管理用房
33. 水电控制室

景观总设计图

▶ 主要经济技术指标

总用地面积: 148 901.03平方米

总建筑面积: 249 763.37平方米

地上建筑面积: 202 764.19平方米

住宅建筑面积: 174 077.25平方米

商业建筑面积: 9 729.29平方米

综合楼建筑面积: 16 988.98平方米

配套及服务用房面积: 1 968.67平方米

地下建筑面积: 40 473.19平方米

半地下车库面积: 6 525.99平方米

配套公建面积: 39 986平方米

容积率: 1.36

建筑密度: 25.74%

绿地率: 35.24%

居住户数: 2 998

机动车停车位: 2 786个

地上停车位: 1 504个

地下停车位: 1 116个

半地下停车位: 166个

非机动车停车位: 5 572个

综合楼效果图

洋房效果图

⊙ 专家点评

1. 该项目位于东南淡山湾国际旅游岛的北侧，具有较好的人脉资源和海景优势，项目种类较多，较能满足多种客户的需求。

2. 基地三面为城市道路，利用东侧三级道路入口，便于生活出入和消防疏散，南侧道路设置商业步行街，购物集中，配套齐全，使用方便。

3. 其建筑体型有变化，照顾了观海的要求，同时满足了海景城市的景观要求，明快、简洁而不俗套。

4. 内部注意了景观设置的序列性，有较大的集中绿地，可供休息、休闲交往。

高层效果图

天津·海河教育园区

开发单位：天津海河教育园区投资开发有限公司

规划设计：天津市规划设计研究院愿景公司

建筑设计：天津市规划设计研究院建筑分院

华汇建筑、博风建筑、大地天方

景观设计：天津市规划设计研究院

北京土人、华汇景观

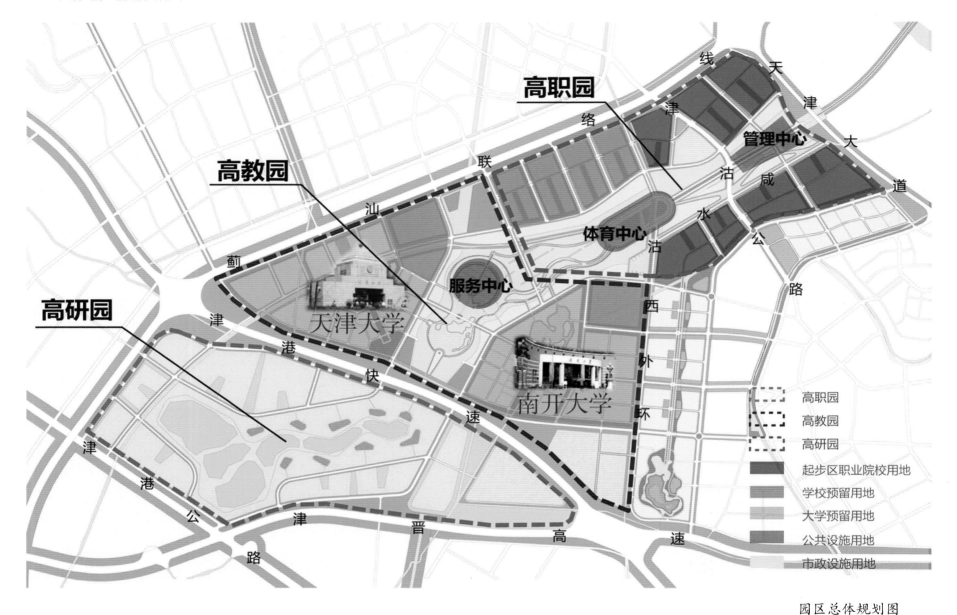

⊙ 项目概况

"天津·海河教育园区"项目位于天津城市的发展主轴之上、中心城区与滨海新区核心区之间的海河中游南岸地区。东临津南新城,西接双港、大寺产业区,南望天嘉湖、鸭定湖双湖生态区。作为基础性、全局性和先导型的产业,有效解决了海河两岸"北重南轻"的问题,支撑了海河中游地区的开发,拉动周边地区高新技术产业和现代服务业的发展。

该项目总体定位为国家级高等职业教育改革实验区,天津市高等教育部属大学示范区,天津市高端科技研发创新示范区,海河南岸人文型、生态型、创新型实验区。园区的具体职能包括:国家高等职教改革示范区、滨海新区高等职业人才与科技研发的重要输出基地、海河中游开发的强力引擎。

鸟瞰图

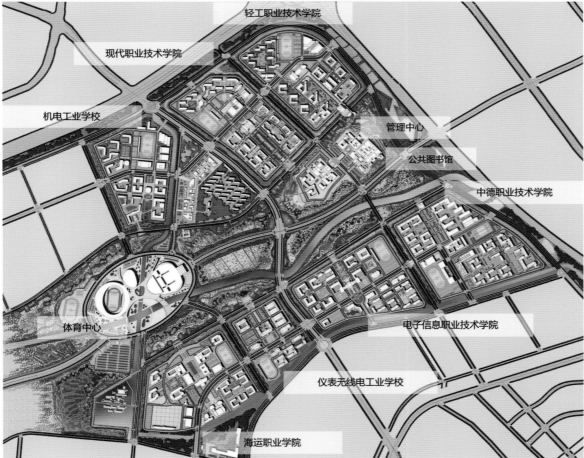

一期规划总平面图

187

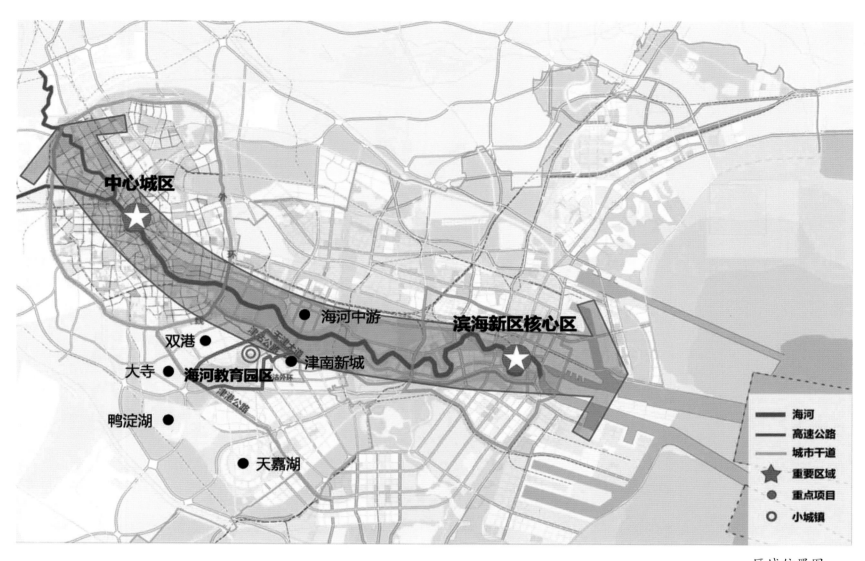

中心城区

海河中游

双港

津南新城

大寺　海河教育园区

鸭淀湖

天嘉湖

滨海新区核心区

海河
高速公路
城市干道
重要区域
重点项目
小城镇

区域位置图

⊚ 主要经济技术指标

天津轻工职业技术学院：用地面积：41.8万平方米
　　　　　　　　　　　总建筑面积：20.2万平方米
　　　　　　　　　　　办学规模：8 000人

天津中德职业技术学院：用地面积：51.6万平方米
　　　　　　　　　　　总建筑面积：26.3万平方米
　　　　　　　　　　　办学规模：10 000人

天津电子信息职业技术学院：用地面积：40.0万平方米
　　　　　　　　　　　　总建筑面积：20.6万平方米
　　　　　　　　　　　　办学规模：8 000人

天津仪表无线电学校：用地面积：20.4万平方米
　　　　　　　　　　总建筑面积：11.0万平方米

　　　　　　　　　　办学规模：6 000人
天津机电工业学校：用地面积：34.0万平方米
　　　　　　　　　总建筑面积：18.3万平方米
　　　　　　　　　办学规模：10 000人

天津现代职业技术学院：用地面积：41.7万平方米
　　　　　　　　　　　总建筑面积：20.2万平方米
　　　　　　　　　　　办学规模：8 000人

天津海运职业学院：用地面积：43.4万平方米
　　　　　　　　　总建筑面积：20.4万平方米
　　　　　　　　　办学规模：8 000人

天津电子信息职业技术学院

▶ 专家点评

习近平主席于2014年6月在北京召开的全国职业教育工作会议上，就加快职业教育发展做出重要指示。他要求各级党委和政府要把加快发展现代职业教育摆在更加突出的位置，更好地支持和帮助职业教育发展，为实现"两个一百年"奋斗目标和中华民族伟大复兴的中国梦提供坚实人才保障。

天津的城市职能定位为现代制造和研发转化基地，加快发展现代职业教育更是天津的当务之急，早在2009年天津市已将"天津海河教育园区"确定为"国家级高等职业教育改革实验区"，为培养高端"蓝领人才"搭建平台，为全国职业技能大赛提供竞赛场地。该园区位于天津中心城区的东南方向，园区总占地面积37平方千米，规划学生规模20万人，总建筑规模133万平方米，具体分别为5所高职院校：天津轻工职业技术学院、天津中德职业技术学院、天津电子信息职业技术学院、天津现代职业技术学院、天津海运职业学院；2所中职院校：天津机电工业学校、天津仪表无线电工业学校。

该园区的创新点：

1. 有效地整合了天津的职业教育资源，解决了以往职业学校"规模小、布局散、水平低"的难题，为院校的发展提供了新的空间。

2. 规划提出"一廊两翼、生态共享、资源共享"的先进理念，将"管理中心""公共图书馆""体育中心"等布置于平均宽度800米的中央生态绿廊中，使资源共享，提高了公共配套设施的建设水平和使用效率。

3. 生态环境良好，现已绿树成荫。园区内共种植有42万株树木，湿地植物种植面积21.49万平方米，草坪地植物种植面积65.56万平方米。园区绿化种植充分考虑可持续性、本土性、经济性及生态性。公共景观与校园景观充分体现了学校特色与风貌，突出树木的绿色，彰显"深林中的校园"的整体氛围。

4. 建筑规划、设计、施工质量优秀。从设计到施工，园区内各个建设项目多次获得各级奖励。其中，天津电子信息职业技术学院、公共图书馆获得了中国建设工程鲁班奖。

通州区梨园镇公共租赁房项目

开发单位：北京市公共租赁住房发展中心

规划设计：北京市住宅建筑设计研究院有限公司

建筑设计：北京市住宅建筑设计研究院有限公司

景观设计：北京市住宅建筑设计研究院有限公司

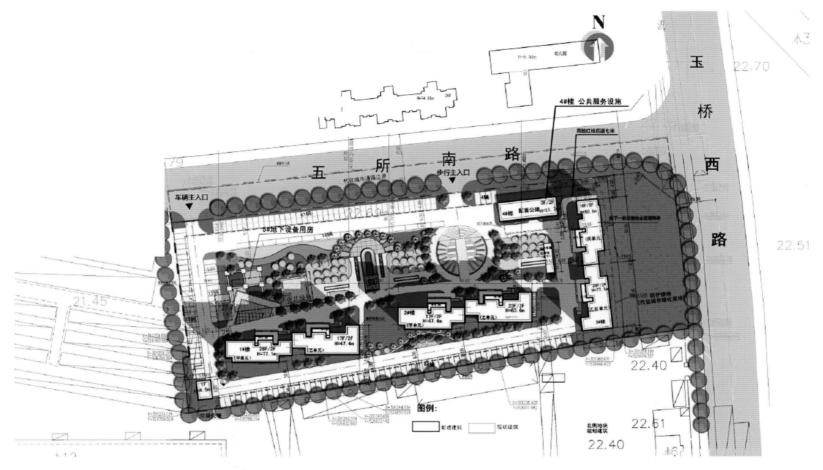

总平面图

▷ 项目概况

　　"通州区梨园镇公共租赁房项目"位于北京市通州区梨园镇，东临玉桥西路，北临五所南路，交通方便，为公租房住宅小区，是北京市保障性住房重点项目。

　　该项目在建筑设计上满足社会的需求，符合特殊人群的居住条件，经济、适用、美观。三幢板式高层住宅楼和一栋三层配套公建围合大面积集中绿地形成的空间布局与周边环境互生共存。

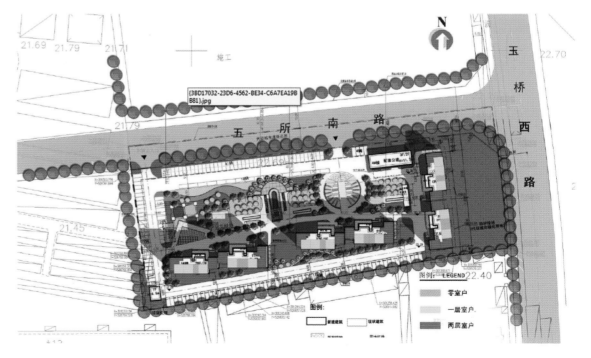

户型分布图

乙单元标准层平面图

主要经济技术指标

总用地面积：22 776.345平方米

总建筑面积：47 581.35平方米

地上建筑面积：42 514.98平方米

住宅建筑面积：41 901.42平方米

配套公建建筑面积：613.56平方米

地下建筑面积：5 066.37平方米

住宅地下面积：4 294.29平方米

配套公建地下面积：772.08平方米

容积率：2.50

建筑密度：14.80%

绿地率：30%

住宅总户数：854

机动车停车位：172个

90平方米以下住宅套型比例：100%

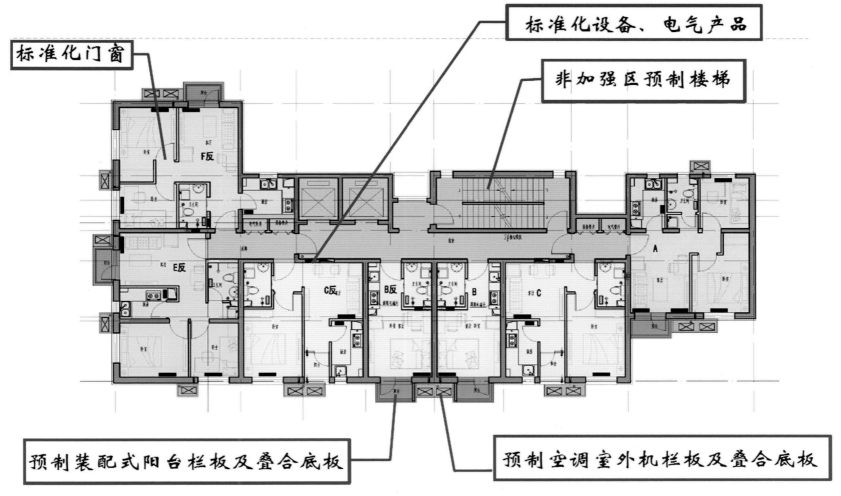

标准化门窗

标准化设备、电气产品

非加强区预制楼梯

预制装配式阳台栏板及叠合底板

预制空调室外机栏板及叠合底板

产业化内容平面示意图

⊙ 专家点评

1. 在不大的用地面积（1.7万平方米）上，采用全部南、东边沿布置三栋板式高层的方式，既满足了日照和通风的要求，也充分利用了土地，在北侧还形成了有足够尺度的内庭园，安排配套公建及设备设施。

2. 在以二室户及一室户为主（占总户数的80%）及少量单室户的套型组合前提下，通过采用类标准模块（约6.0米×6.0米）的拼组，在少量结构构件规格的前提下，形成简洁、整齐的楼栋。套内各功能空间尺度基本合理的前提下，适应了建筑施工工业化的要求，提高了住宅产业化水平。该项目在主体结构工业化建造的住宅类型中是一个特点突出的项目。

天津军粮城示范镇（起步区）

开发单位：天津市滨丽建设开发投资有限公司

规划设计：天津市城市规划设计研究院

建筑设计：天津华汇工程建筑设计有限公司

天津建工集团建筑设计有限公司

景观设计：天津境易环境景观设计有限公司

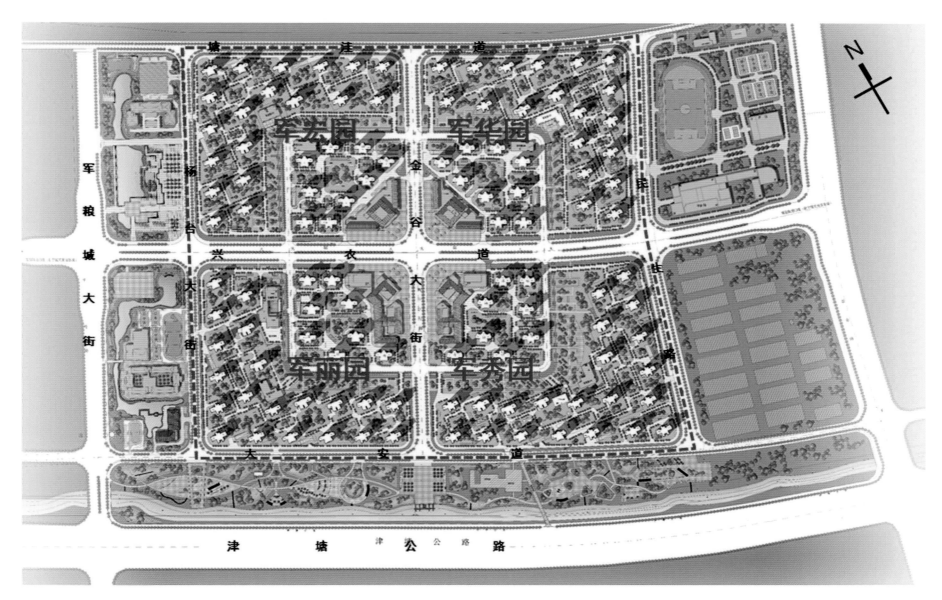

军宏园　军华园

军丽园　军齐园

总平面图

▶ 项目概况

"天津军粮城示范镇（起步区）"项目位于天津市中心城区与滨海新区之间的军粮城示范镇，西临蓟汕高速联络线，北临津滨高速，南临津塘公路，距天津中心城区约7千米，距滨海新区约17千米，距天津机场约5千米。

该项目是以居住性质为主的综合性社区，共有113栋住宅楼、三个幼儿园、四个社区服务中心和一个沿街的社区商业综合服务楼，小区内设有地下停车场八座。

该项目为军粮城镇居民安置住宅项目，目前已建成并投入使用。

鸟瞰图

⊙ 主要经济技术指标

总用地面积：62.8万平方米

总建筑面积：105.4万平方米

地上总建筑面积：90.3万平方米

住宅建筑面积：81.9万平方米

公建建筑面积：8.4万平方米

地下总建筑面积：15.1万平方米

容积率：1.84

绿地率：40%

建筑密度：15%

住宅户数：10 549

机动车停车位：4 604个

地上停车位：1 320个

地下停车位：3 284个

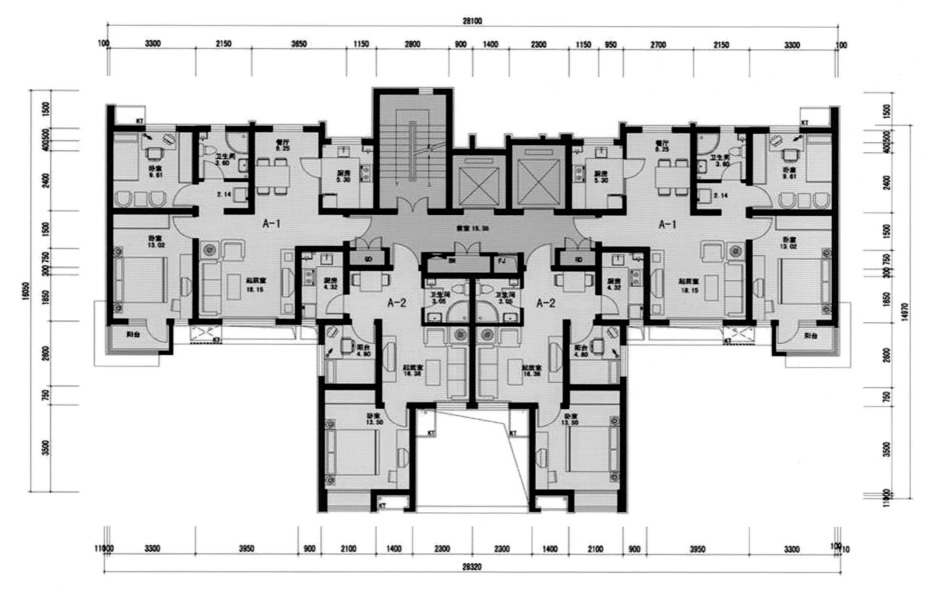

A标准层平面图

▶ 专家点评

1. 该项目位于天津市区与天津滨海新区之间的军粮城示范镇，是天津市"以宅基地换房"模式推动农村城市化的试点建设项目。军粮城示范镇规划占地19.34平方米千米，总人口20万。本次申报范围为示范镇的起步区（军宏园、军华园、军秀园、军丽园），占地62.8万平方米，建筑面积105.4万平方米。

2. 该项目规划结构清晰，交通便捷，配套完善，指标合理。住宅面积按每人30平方米标准，设计套型60平方米、90平方米、120平方米。住宅各功能空间符合居住行为，通风、采光良好。立面造型挺拔清秀，色彩比例协调，顶部饰以"中国符号"。

3. 该项目认真贯彻"四节"，建筑节能达到65%，中水冲厕，大力开发地下空间以及应用多项节材措施，实现100%的装修一次到位，装修标准350元/平方米，经济实惠。

4. 该项目工程质量优良，物业管理到位。入住率达95%，住户满意率高。

5. 该项目为天津市城镇化进程起到了积极的示范作用。

门头沟区采空棚户区
改造曹各庄安置房北侧
地块定向安置房项目

开发单位：北京市门头沟区采空棚户区改造建设中心
规划设计：北京市住宅建筑设计研究院有限公司
建筑设计：北京市住宅建筑设计研究院有限公司

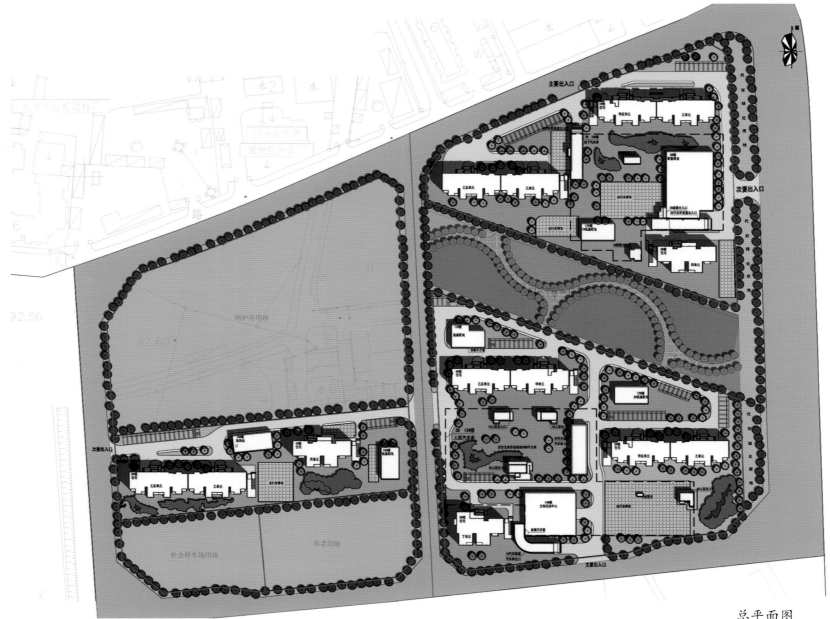

总平面图

▶ 项目概况

　　"门头沟区采空棚户区改造曹各庄安置房北侧地块定向安置房项目"位于北京市门头沟曹各庄村北，紧邻西六环，用地为第16街区三个地块，分别为MC00-0016-0001、MC00-0016-0007、MC00-0016-0040三个地块。其中，0001地块和0007地块被两排11万千伏高压线分割，此两地块均退离高压线20米；西侧为华园路，南侧为新一路，东侧为滨河路，北侧为规划一路。

　　项目建设用地总面积约4.02万平方米，其中住宅建设用地总面积约3.67万平方米，为二类居住用地，限高80米，容积率3.0；拟建8栋住宅楼，地上18/26/27层、地下1层，两座全埋式地下3层汽车库及配套商业、文体活动中心、物业管理用房等相关配套用房。

　　项目自2013年11月开始施工图设计，现在住宅、车库等主体项目已完成施工图设计，仅余不足4 000平方米的配套公建和设备站点正在设计过程中。

鸟瞰图

▶ 主要经济技术指标

总用地面积：86 702.78平方米

住宅建设用地总面积：36 701.10平方米

总建筑面积：146 620平方米

地上总建筑面积：110 822平方米

住宅总建筑面积：106 707平方米

配套建筑面积：3 686平方米

车库、人防口面积：429平方米

地下总建筑面积：35 798平方米

住宅总建筑面积：4 663平方米

配套公建建筑面积：79平方米

地下车库建筑面积：31 056平方米

总户数：1 800

容积率：3.0

建筑密度：17.99%

绿地率：30.69%

停车位：924个

地上停车位：92个

地下停车位：832个

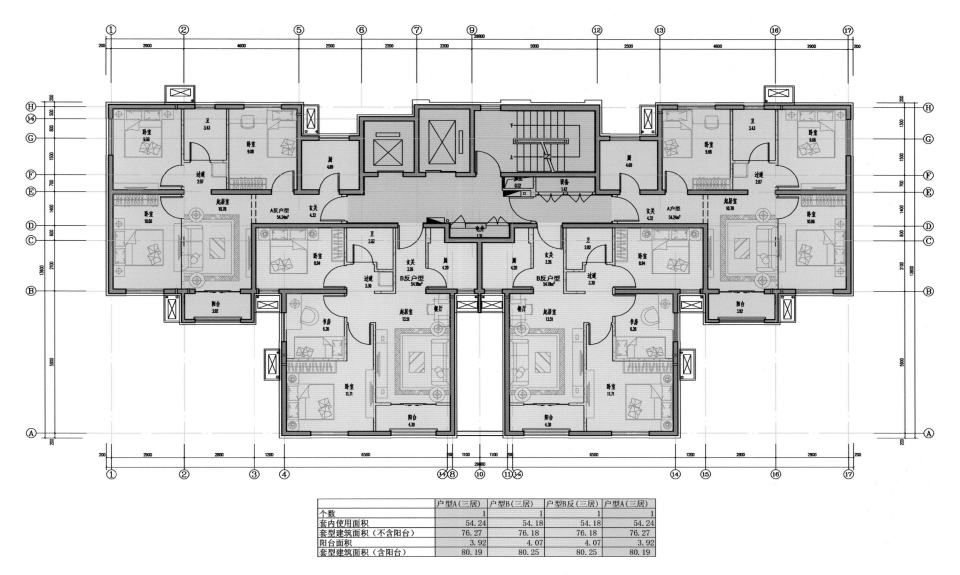

	户型A(三居)	户型B(三居)	户型B反(三居)	户型A(三居)
个数	1	1	1	1
套内使用面积	54.24	54.18	54.18	54.24
套型建筑面积（不含阳台）	76.27	76.18	76.18	76.27
阳台面积	3.92	4.07	4.07	3.92
套型建筑面积（含阳台）	80.19	80.25	80.25	80.19

丙单元户型平面图

▶ 专家点评

1. 该项目为定向安置房，套型由40~80平方米/套。设计采用了传统的一梯四户至六户的内廊住宅单元，设计大体合理。结构体系简洁明了，与建筑空间配合比较自然。

2. 采用加大承重墙的间距手法，为中小套型内空间的灵活布置提供了方便，例如甲单元中的户型B，丙单元中的B反户型（6500毫米跨度）等。

3. 在较高的容积率和套密度的前提下，建筑布置得成组有序，既避开了不利建设地段，也使得每组团空间在保证相对完整的同时也能有机联系。交通系统既独立，又可通过组团间支路相联系。

镇江港南路公租房项目

开发单位：镇江新区保障住房建设发展有限公司

规划设计：中国建筑设计研究院

建筑设计：中国建筑设计研究院

总平面图

⊙ 项目概况

　　"镇江港南路公租房项目"位于浙江苏省镇江市东部的新区，南临港南路，东侧为规划路凤栖路，西侧为烟墩山路。

　　该项目采用**工业化模块建筑体系进行建造，建造过程分别在工厂与现场完成**。现场完成了地下车库、主体地下二层、地下一层以及主体地上核心筒部分的施工。除以上部分，主体地上建筑均为工厂建造的模块，建造后运到现场围绕核心筒进行搭建，并完成整个建筑物的保温及外装饰面层的施工。模块在横向和竖向都相互连接，并横向连接在核心筒上，承重墙上下对齐。每个住宅套型由2至3个模块构

成，每个模块由混凝土楼板、钢密柱墙体及天花桁架组成，模块内由非承重墙分隔成不同的房间。

　　全装修一体化设计是本项目的又一特点。工程建筑设计与内装修设计一体化进行，内装施工以及管线埋设均在工厂内一次性完成，不产生二次装修问题。室内部分现场只需进行面层衔接及管线接口处理。

　　此外，该项目的4号楼为适老型内装设计，适应我国目前老龄化社会的需求。

▶ 主要经济技术指标

总用地面积：5.06万平方米

总建筑面积：134 500平方米

地上总建筑面积：96 000 平方米

地下总建筑面积：38 500平方米

容积率：1.89

建筑密度：10.76%

居住户数：1 436

机动车停车位：1 149个

地上停车位：225个

地下停车位：924个

金第润苑

开发单位：北京金第润鸿房地产开发有限公司

设计单位：北京市住宅建筑设计研究院有限公司

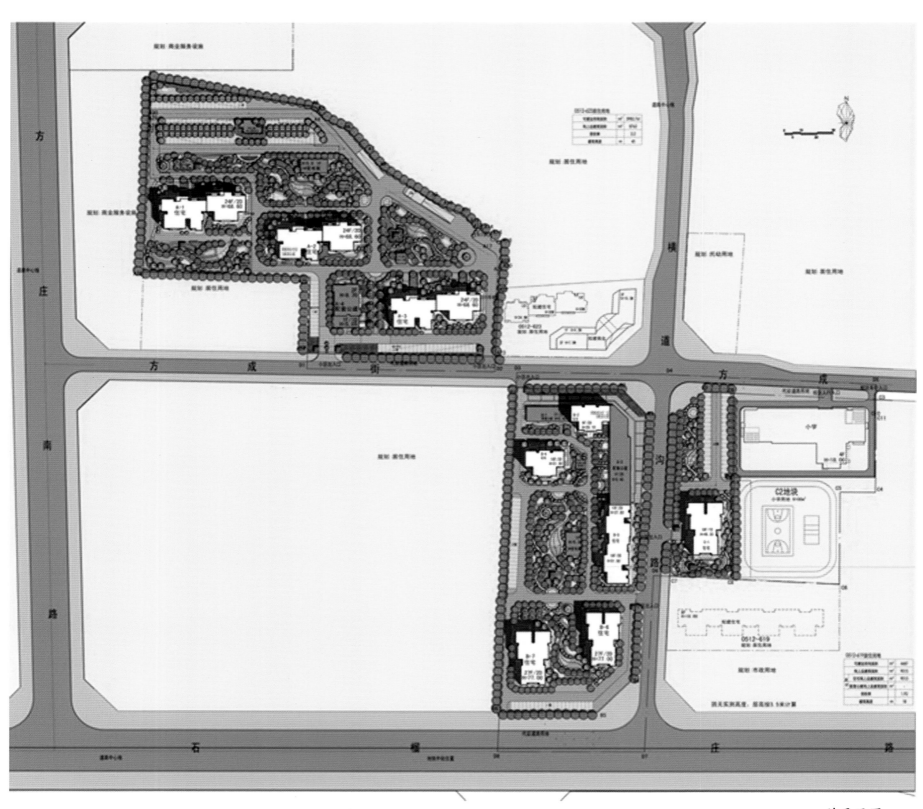

总平面图

鸟瞰图

▶ 项目概况

"金第润苑"项目地处京南核心区域，位于北京市丰台区南苑乡东铁营村，距南三环方庄桥1.7千米，距南四环肖村桥2千米，项目向东300米为京南城区主干道成寿寺路，周边紧邻地铁10号线成寿寺站；项目所在地周边汇集了学校、医院、商超等一切生活要素，地理位置优越，交通便捷，未来发展潜力巨大。

该项目由12栋风格简约、轻盈时尚的建筑物组成，项目建成后可充分缓解周边区域拆迁后的房屋需求。由于本项目是"三定三限三结合"定向安置房的一种新尝试，属于丰台区重点保障房工程。因此本项目在规划设计和施工建设过程中精益求精，在开工前对户型产品进行了多轮优化设计，尽最大努力提升居住的舒适度；在施工建设过程中严把质量关并引入实测、实量机制，从而将房屋在建设过程中的误差降低到最小范围。

为提升居住品质，本项目精心打造了小区环境，在小区绿化上采取了点面结合的设计原则。在小区中心采用特色的点式绿化进行布局，并依据植物的色彩、造型进行精确的把握与拿捏，从而达到四季皆有景，时时韵不同的境界。

该项目建成后将实现丰台东铁营村500户拆迁居民就地上楼，并可向丰台区政府提供400套定向安置房。金第地产以尽国企责任、保安居工程为己任，力求打造舒适宜居的居住环境，践行住总集团保障房建设理念营造环境优美、安全实用、舒适和谐的宜居社区。

底商效果图

住宅单体图

▶ 主要经济技术指标

总用地面积：6 371.9826平方米

总建筑面积：153 048平方米

地上总建筑面积：133 300平方米

地下总建筑面积：19 748平方米

容积率：2.45

建筑密度：16.86%

绿地率：30%

居住户数：1 320

机动车停车位：467个

地上机动车停车位：342个

地下机动车停车位：125个

郑州·中牟绿博文化产业园 3号安置区

开发单位：中牟绿博文化产业园区管理委员会

规划设计：广州易象建筑设计咨询有限公司
广州大学建筑设计研究院

建筑设计：广州易象建筑设计咨询有限公司
广州大学建筑设计研究院

◈ 项目概况

该项目位于郑州东区东、郑开大道南侧，是郑州向东发展的辐射区域，且处于郑州绿博园东边、郑州未来主要的发展方向上，区域位置优越。3号安置区位于绿博文化产业园区内，文汇路以东、九州路以南、琼花路以北、紫寰路以西区域。本项目西侧紧邻70米宽的市政公园，计划安置贺兵马、段庄、三王、冉老庄共4个行政村约9 549人，需安置用地面积约30.6万平方米，其中，含五块居住用地及一块小学用地。

该项目住宅地块容积率为2.5，小学地块为0.8以下。根据安置区实际建设情况，预计三年建成，按照年均0.8%人口增长率，安置房回迁总套数5 870户，面积共639 103平方米，街铺商业面积49 269平方米，配套设施建筑面积19 684平方米。

◈ 主要经济技术指标

总用地面积：309 083.0平方米

总建筑面积：1015 595.2平方米

计容建筑面积：719 036.5平方米

地上不计容建筑面积：5 230.6 平方米

地下建筑面积：291 328.1平方米

居住地容积率：2.49

建筑密度：20%

绿地率：62%

居住户数：5 870 户

机动车停车位：7 638个

地上停车位：449个

地下停车位：7 189个

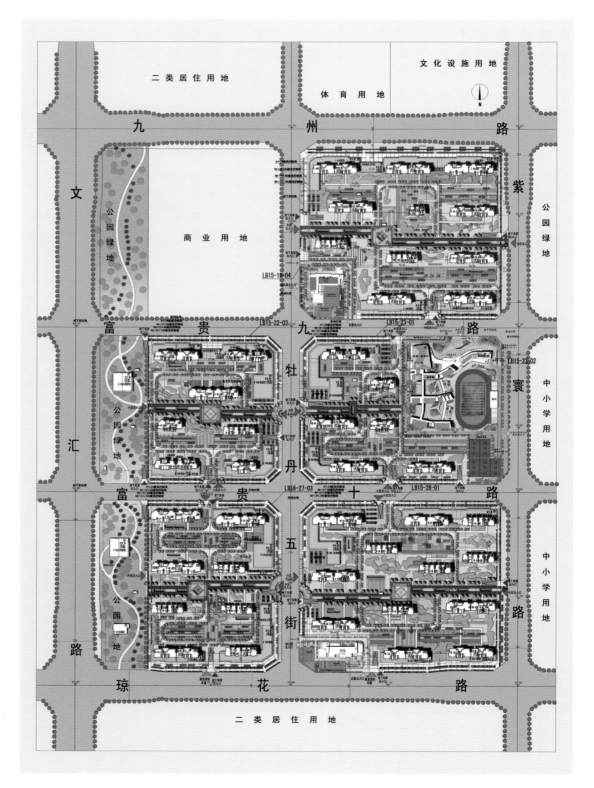

总平面图

鸟瞰图

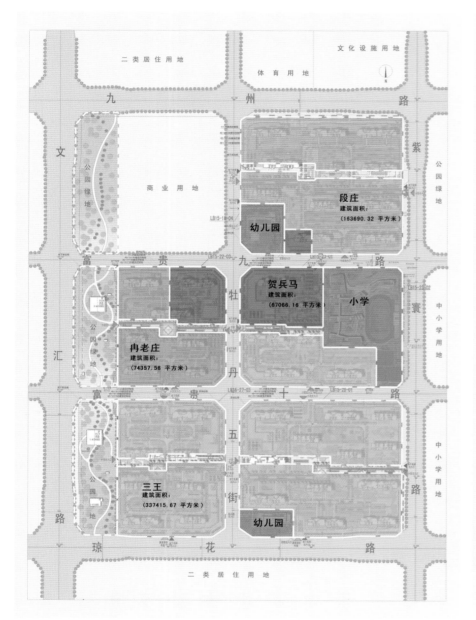

村落分布图

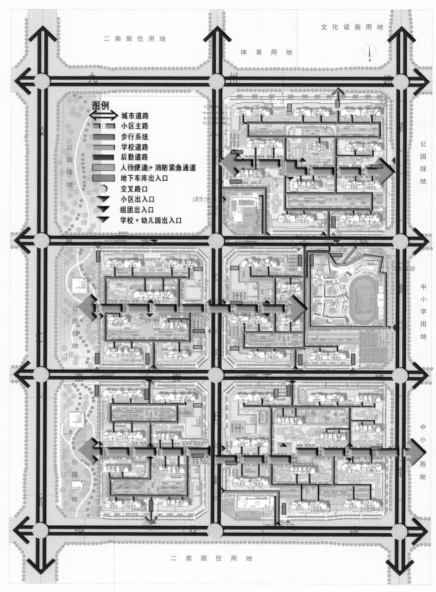

交通分析图

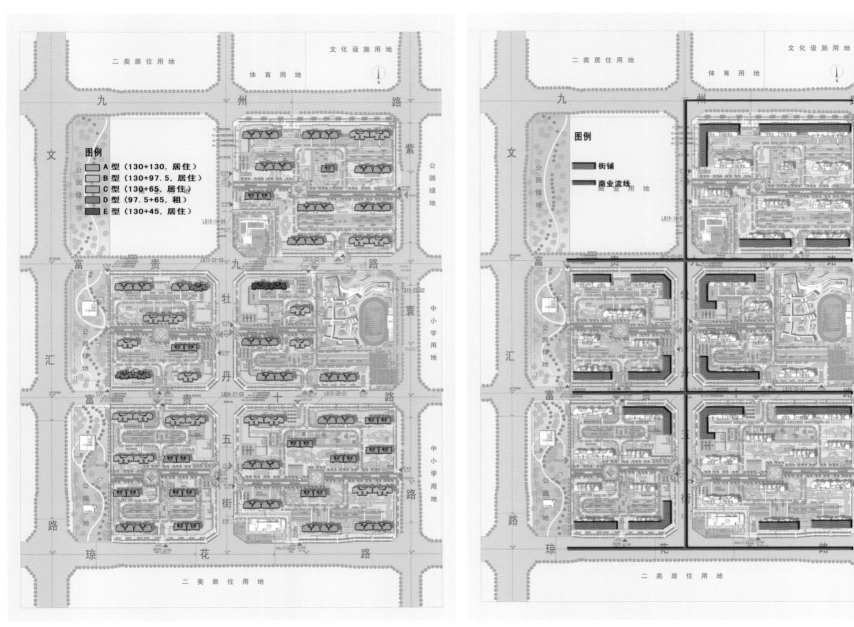

户型分布图

图例
A 型（130+130，居住）
B 型（130+97.5，居住）
C 型（130+65，居住）
D 型（97.5+65，租）
E 型（130+45，居住）

商业分布图

图例
街铺
商业流线

教育配套效果图

▶ 专家点评

1. 规划结构紧凑、清晰，五个地块通过相互呼应的景观轴线、入口广场等设计元素有机地联系在一起，使之成为一个关联紧密又各自独立的大社区。

2. 各地块均设有地库，很好地解决了地块内人车分流的问题，仅道路周边布置了一部分访客或商业的停车，既满足了日常生活的便捷性也保证了地块内的交通安全性。

3. 规划中，主次景观轴相互穿插并结合院落组团绿化及配套节点的设置交织成整个大社区的景观网络。

4. 规划设计同时以国家政策和地方现状为出发点，配套设置充分结合当地的实际安置情况，更好地满足了当地居民日常生活的需求，设置了许多不同于以往的便民配套设施，并以均等、便捷的原则分布于项目各处，形成真正意义上的社区"泛会所"；地库的设计也充分考虑到村民的实际停车问题，设置了一部分农用车专用车位。

5. 户型设计在结构上采用了短支剪力墙的设计，户内隔墙为轻质墙体，为业主提供了一定的户型改造空间，该结构体系的设计也为首层架空层提供了开敞的空间。

6. 设计中融入了许多环保理念，如屋顶采用了太阳能板等。

2
创新力设计机构

中国房地产创新力
设计机构

中国建筑设计研究院

企业简介

中国建筑设计研究院（CAG）是国务院国资委直属的大型骨干科技型中央企业，经过60年的发展，已在全国范围形成高端技术及市场优势，**在勘察设计行业处于核心领军地位**。目前，拥有包括民用建筑、市政工程、城市公用综合设计与规划、施工图设计审查等近20项甲级资质。基本形成了民用建筑、城市建设规划设计、景观园林设计、室内装饰、建筑历史、住宅研发、市政工程、工程咨询、建筑标准、建设信息等多专业、全系列的产业结构。

代表作品或学术成果

中国建筑设计研究院60年来先后设计完成了**北京火车站**、中国美术馆、**国家图书馆**、**北京国际饭店**、拉萨火车站、**国家体育馆（鸟巢）**、国家网球馆、北京瞭望塔、深圳体育馆、首都博物馆新馆、重庆国泰艺术中心、殷墟博物馆、**外交部大楼**、海南国际会展中心、西直门交通枢纽、莫斯科中国贸易中心、北京珠江帝景、万科城市花园、上海金地艺境、万科十七英里、北京万泉新新家园、湖州东白鱼潭小区、**故宫保护**、**长城保护**、**敦煌莫高窟保护**等工程项目，在中国

130余座城市和全球60余个国家共完成工程设计项目20 000余项。
1986年至今荣获包括国际奖、国家级金奖在内的省部级以上各类奖
项500余项。

2013年度企业获奖情况

2013年度全国优秀工程勘察设计行业奖（公共建筑）一等奖获
奖项目：

中华人民共和国驻南非大使馆；
北川羌族自治县文化中心；
中国杭州菜博物馆；
海南国际会展中心；
中国驻开普敦总领事馆。
2013年度全国优秀工程勘察设计行业奖（住宅）一等奖获奖
项目：
永定路甲4号住宅小区（雅世合金公寓）。

中国建筑标准设计研究院
有限公司

国酒茅台时代广场

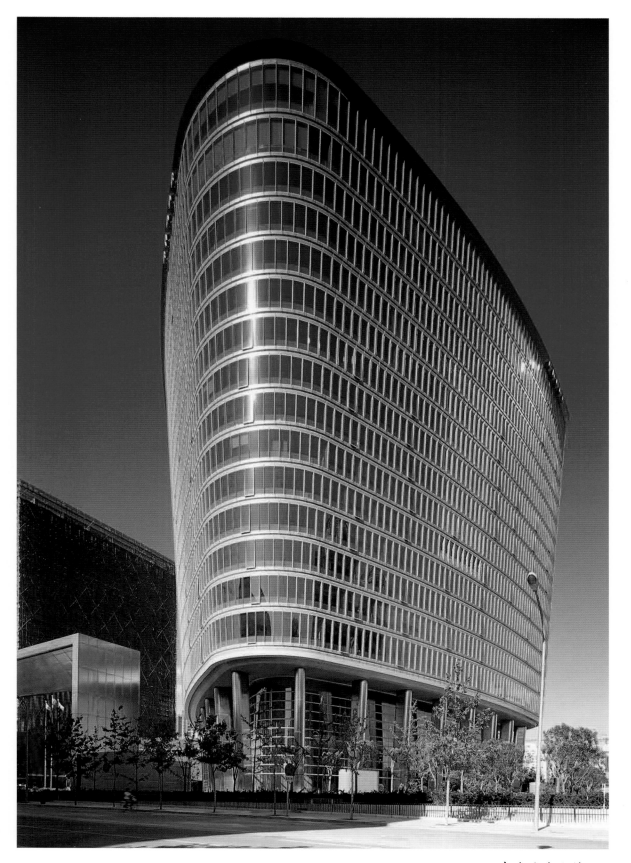

中海油办公楼

企业简介

中国建筑标准设计研究院有限公司（以下简称标准设计院），隶属于中国建筑设计研究院集团，创建于1956年，前身是国家建委标准设计院，原为建设部直属的科研事业单位，2000年转制为中央科技型企业。其是我国现代建筑产业最具实力的综合性科技研发企业；是**国内唯一集国家建筑标准设计编制研究与管理、建筑工程设计与咨询、地下人防、建筑产品应用研究及认证、建筑产品信息服务、城市规划、建筑设计软件开发、建筑科研于一体的综合型科研、设计与技术服务企业，**在建筑行业享有较高声誉，在全国亦有重要影响；是住房和城乡建设部委托的建筑设计规范、电气行业标准、人防设计标准的归口管理单位；也是国内唯一受住房和城乡建设部委托的、对国家建筑标准设计进行归口管理的单位。

目前，标准设计院共有员工600余人，其中全国勘察设计大师1人，拥有一支由全国工程勘察设计大师、享受国务院特殊津贴专家、国家一级注册人员等行业顶尖人才组成的技术队伍，高级技术人员占全院总人数的90%，已基本形成了一支学历层次高、专业梯队合理、综合素质强的优秀人才队伍。核心人才队伍结构：中国工程院院士1人、全国勘察设计大师1人、享受政府特殊津贴专家2人、具有高级专业技术职称人员127人；注册建造师及注册造价工程师：一级注册建筑师42人、注册结构工程师34人、注册设备工程师22人、注册电气工程师10人、注册规划师4人、注册咨询工程师5人；大学本科以上学历人员占总数的87.3%；各类专业技术人才、经营管理人才占总数的近90%；具有中高级专业技术职务的人员占各类专业技术人才、经营管理人才总数的73%。

企业文化

标准设计院依托自身的核心优势，以市场为中心，客户为导向，立志成为拥有相关多元化业务、具有国际竞争力、在中国建筑产业领先的应用技术服务商，做永续发展的百年企业。标准设计院坚持以市场为中心，客户为导向，以建筑标准设计业务的核心优势为依托，以工程设计业务为基础，做大做强地下人防、建筑产品认证与研究、建筑软件、建筑节能、抗震隔震等业务，形成"**一优带多优**""**一个核心多点支撑**"的相关多元化业务格局；同时，立足国内市场，拓展海外空间，创建国内一流、具有国际竞争力的建筑产业科研、设计与技术服务企业，以不断推动建筑行业的技术进步为目标，立志成为"基业常青"的百年企业。

代表作品或学术成果

标准设计院具有优良的科研业务基础和深厚的历史积淀，始终以促进建筑行业技术进步为己任，以科研、标准和技术创新为先导，努力为行业提供技术支撑，为客户提供优质服务，以"**推动技术进步，成就建筑梦想**"为使命，在"**成为城乡建设领域高端技术集成服务商**"的目标指引下，经过多年摸索，标准设计院已创建了从研发、产品、设计、承包到实施、咨询的全产业链整合业务模式。一直高度重视科研工作，将其作为技术创新的基础。标准院的科研工作始终遵循"**科研内容来自工程需要、科研成果应用于工程实践**"的原则，不断提升自主技术的创新能力。

凭借高素质的技术团队、丰富的项目经验和积极主动的服务意识以及专业配备齐全的综合设计所运行模式，标准设计院承揽了各类大中型公共建筑、综合居住区等各类建筑项目近750项，成就了以国家体育场（鸟巢）钢结构设计、数字北京大厦、中纪委办公楼、中国海洋石油办公楼、国酒茅台时代广场、北川羌族自治县人民医院、拉萨饭店改扩建工程等项目为代表的建筑设计精品，赢得了行业认可和客户赞誉。

标准设计院承担了大量国家、部委的相关科研课题，取得了丰硕成果。多年来，标准院主编了《民用建筑设计通则》《房屋建筑统一制图标准》等重要的国家和行业标准规范共43项；主编了国家建筑标准设计120项；主编了全国民用建筑工程设计技术措施30册；承担了国家及省部级科研课题120余项，其中包括国家"九五""十五""十一五""十二五"科技支撑计划项目20余项、国家科研院所课题100余项；完成各类工业与民用建筑工程设计700余项；完成技术咨询项目100余项。上述成就中，标准设计院共荣获国家级奖12项、省部级奖190项、获得专利35项、软件著作权29项，为促进建筑行业技术进步和创新做出了积极的贡献，为企业可持续发展打下了坚实的基础。

获奖情况

中信城获中国土木工程学会詹天佑奖。

鄂尔多斯博物馆获中国钢结构协会空间结构奖银奖。

冷弯薄壁型钢住宅成套关键技术研发获华夏三等奖。

《建筑玻璃应用构造》获全国优秀工程勘察设计行业奖标准设计一等奖。

《混凝土结构施工图平面整体表示方法制图规则和构造详图》获全国优秀工程勘察设计行业奖标准设计一等奖。

《雨水综合利用》获全国优秀工程勘察设计行业奖标准设计一等奖。

《建筑物抗震构造详图（多层和高层钢筋混凝土房屋）》获全国优秀工程勘察设计行业奖标准设计一等奖。

《外墙内保温建筑构造》获全国优秀工程勘察设计行业奖标准设计二等奖。

《幼儿园建筑构造与设施》获全国优秀工程勘察设计行业奖标准设计三等奖。

《G101系列图集常用构造三维节点详图（框架结构、剪力墙结构、框架-剪力墙结构）》获全国优秀工程勘察设计行业奖标准设计三等奖。

天津市城市规划设计研究院

天津人口和家庭公共服务中心

今晚传媒大厦

公司简介

天津市城市规划设计研究院（以下简称天津规划院）成立于1989年，是具有国家城市规划、土地规划、建筑设计、工程咨询甲级资质和市政公用工程、旅游规划、风景园林工程设计专项乙级资质以及规划环评甲级资质的综合性规划设计研究院，且2000年通过ISO9001质量认证。

天津规划院现有在职人员530人。其中，建院以来，共培养出享受国务院特殊津贴专家12名、天津市政府授衔专家1名、正高级专业技术人才30名、高级专业技术人才130名；博士后、博士、硕士学历149人。2010年经国家人社部博士后工作委员会批准，建立博士后工作站，2011年与同济大学合作建立人才培养基地。

我院获得国家级银质奖3项、建设部优秀规划（勘察）设计奖47项、詹天佑规划设计大奖6项、市级优秀规划（勘察）设计奖144项、市级工程设计咨询奖10项、全国人居环境综合大奖2项。

天津规划院主要业务为城乡规划、城市设计、村镇规划、道路交通规划、市政工程规划、土地规划、城市园林规划、规

城投大厦

陕西宁强县天津中学

泰安道二号院

划环境评价、环境景观设计、建筑设计、道路交通与市政工程设计、规划招投标及成果设计包装、多媒体制作等10多个专业，并提供规划技术咨询、规划设计信息处理、工程技术开发等多项辅助性专业服务。

企业文化

20多年来，天津规划院秉承"**用技术引领行业，用质量赢得用户**"的理念，以"服务人民、奉献社会"为宗旨，团结协作，追求卓越，先后高水平完成了天津市历次总体规划、滨海新区总体规划、分区规划、国土规划、土地利用规划、基本农田保护规划、综合交通规划、近期建设规划等天津市重点规划编制任务，并承接了大量的外埠项目，业务已遍及全国25个省、市、自治区。

代表作品或学术成果

中新天津生态城控制性详细规划、滨海新区生态绿地系统与生态策略、陕西宁强县燕子砭镇木槽沟村民安置点规划、天津市中心城区城市设计导则、天津市滨江道商业步行街综合整治规划、天津滨海国际机场综合交通枢纽集疏运规划、天津子牙循环经济产业区总体规划、北塘小镇修建性详细规划、天津南岗工业区一期控制性详细规划、天津海河教育园区起步区修建性详细规划、天津市静海县城乡总体规划、天津滨海旅游区总体规划、天津市城市道路截面景观设计导则、天津市邮政设施布局规划、天津市工业布局规划（2008—2020年）等。

北京易地斯埃东方环境景观设计研究院有限公司

保利心语

企业简介

北京易地斯埃东方环境景观设计研究院有限公司（EDSA Orient）是EDSA在亚洲地区的分支机构，由李建伟先生出任总裁兼首席设计师，是一个由国内外资深设计师和优秀设计人员组成的多专业、多层次的设计师团队，能提供从规划、设计至现场指导的全程服务。这些来自美国、英国、澳洲、新加坡、以色列等国和中国大陆、中国香港等地的多元化设计高手，使**规划设计充满活力和创意**。EDSA Orient采取**与美国公司互换员工、共同设计**的工作方式，致力于为亚太地区提供高水平的规划设计服务。作为国内最大的规划设计事务所之一，EDSA Orient有足够的资源胜任来自各个领域、各种类型的规划设计项目。目前，事务所的业务已遍布全国各地，涉及不同的地域环境和文化背景。

作表作品或学术成果

生态系统与生态旅游规划

南昆山十字水生态旅游度假区（广东）、昆明草海湿地公园（云南）、卧龙大熊猫生态旅游区（四川）、温榆河生态走廊（北京）、盐田生态旅游区（广东）、二灵山景区（浙江）、圭

塘河旅游风光带（湖南）、落笔洞风景区（海南）、陶公山景区（浙江）、阿尔波特热带森林公园接待中心（波多黎各）、西湖公园（美国佛罗里达州）。

综合性土地开发项目规划

湖州太湖旅游度假区梅东区（浙江）、柳州市游山湖体育公园（广西）、济南华山历史文化公园（山东）、固安新城（河北）、宋庄国际航空城（北京）、安阳东南新区（河南）、稻香湖西区体育休闲区（北京）、鹿回头半岛（海南）、海棠湾（海南）、四季生态花园（上海）、武汉国际航空物流港（湖北）、漳州城市中心区（福建）、米瑞玛丽娜公园（马来西亚）。

城市公共空间规划设计

株洲炎帝广场（湖南）、响螺湾商务区（天津）、王家墩商务区泛海城市广场（湖北）、第十二届全运会场馆（辽宁）、王府井大街景观咨询（北京）、神州半岛景观系统（万宁）、五象湖公园（广西）、昆玉河生态水景走廊（北京）、平遥古城环城带（山西）、通州运河城市段（北京）、央视新台址媒体公园（北京）、徐汇滨江公共空间（上海）、奥兰多国际机场（美国佛罗里达州）、百事可乐总部（美国纽约州）、滨河走廊（美国佛罗里达州）、罗德岱堡滨海大道（美国佛罗里达州）、迪斯尼乐园西部商业区（美国佛罗里达州）、皇家马德里体育城（西班

博鳌千舟湾

牙）、马瑞第商业园区（美国佛罗里达州）、墨西哥人类学博物馆（墨西哥）。

社区居住环境规划设计

红玺台（北京）、保利心语（四川）、御汤山（北京）、博鳌千舟湾养生度假区（海南）、观唐云鼎（北京）、北京湾（北京）、长江国际花园二期（江苏）、保利城（四川）、远洋公馆（海南）、香格里拉城市花园（青海）、湖玺庄园（江苏）、东方普罗旺斯（北京）、大溪地社区（辽宁）、新湖香格里拉（浙江）、南都西湖高尔夫别墅（浙江）、圣美利加别墅（辽宁）、山水文园（北京）、春江花月（浙江）、橡树湾（北京）、金都华府（浙江）、西盾社区（美国南加州）、海湾庄园（美国佛罗里达州）、鹰巢湾（美国佛罗里达州）、特瑞波尼（美国北卡罗莱纳州）、皇家普特（法国普罗旺斯省）。

旅游度假设施规划设计

亚龙湾瑞吉酒店（海南）、嘎洒喜来登度假酒店（云南）、保利皇冠假日酒店（四川）、八达岭长城景区（北京）、三亚国宾馆（海南）、湖州喜来登酒店（浙江）、金海湾喜来登酒店（广东）、华宇皇冠酒店（海南）、珠海海泉湾度假城（广东）、香格里拉饭店（北京）、南山文化旅游区（海南）、三道湾热带香巴拉旅游区（海南）、凯悦度假酒店（海南）、银泰度假酒店（海南）、亚特兰提斯度假区（巴哈马）、九龙旅游度假区及高尔夫俱乐部（浙江）、帝景温泉大酒店（天津）、世界之窗欧风街酒店（广东）、博鳌山钦湾（海南）、欢乐海岸（广东）、天津宝坻凯悦酒店（天津）、阿尔康西多度假酒店（波多黎各）、阿尔圣琼酒店及赌场（波多黎各）。

公园及娱乐设施规划设计

张北风电主题公园（河北）、南太湖中央公园（江苏）、2008奥林匹克公园（北京）2008、欢乐谷主题生态乐园（北京）、欢乐海岸（广东）、宁波日湖公园（浙江）、杏林湾园博会（福建）、元大都城墙遗址公园（北京）、火山国家地质旅游区（海南）、漳州花博会展览中心（福建）。

御汤山

创新风暴
Innovation Storm
中国房地产创新力
设计机构

广州易象建筑设计公司

EXTRA-ARCHITECTS

企业简介

广州易象建筑设计咨询有限公司是一支追求设计原创性及注重产品实现度的设计团队。"**追求建筑原创性**"是团队的最大特点，我们试图在浮躁的复制时代中尊重每个项目的特殊性，通过对区域、城市、市场、运营等多方面的研究综合出最具合理性和冲击力的解决方案，并促进城市区域环境的改善。

公司成立以来，项目遍布广东、广西、福建、安徽、陕西、湖南、湖北、四川、内蒙古、辽宁、河南等二十余个省、市，并赢得过多个重要的国内外设计投标，专业的团队合作及服务意识获得了较高的市场认可度。

代表作品或学术成果

深圳卓越维港（2008年）
合肥信地美凯龙全球家居广场及信地销售中心（2008年）
广州番禺星誉花园（2009年）
广东清远怡景花园（2009年）
广东花都路劲隽悦豪庭（2010年）
天津光耀城（2010年）
广州东凌广场（2011年）
浙江嘉兴九龙山项目（2011年）
大连君临天下（2011年）
河南平顶山怡构城（2013年）
河南郑州紫园（2014年）
河南郑州绿博文化产业园3号安置区
（2014年）
......

深圳卓越维港实景图

3 房地产创新人物

陈 军

绿地控股集团　执行副总裁、博士

人物标签：智慧城镇战略践行者

个人简介

陈军，男，1975年9月生，汉族，山东威海人，中共党员，清华大学经管学院EMBA硕士、中国社会科学院国民经济学博士。现任绿地控股集团执行副总裁、绿地香港控股有限公司董事会主席、绿地控股集团西北房地产事业部董事长、总经理。

工作经历及相关业绩

1998年8月至1999年7月，江阴建设总公司施工技术工程师。

1999年8月至2001年1月，江阴建设监理公司总监代表。

2001年2月至2003年10月，绿地控股集团房地产事业二部项目总经理。

2003年11月至2005年10月，绿地控股集团成都、西安房地产事业部总经理助理、西安房地产事业部副总经理。

2005年11月至2008年12月，绿地控股集团西安房地产事业部总经理。

2008年1月至2012年3月，绿地控股集团西北房地产事业部总经理。

2012年4月至2013年8月，绿地控股集团副总裁兼西北事业部董事长、总经理。

2013年9月至2013年12月，绿地控股集团副总裁、绿地香港控股有限公司董事会主席、绿地控股集团西北房地产事业部董事长、总经理（2013年率领绿地控股集团西北事业部创造年销售额突破百亿元的佳绩，率领绿地香港控股有限公司实现总收益约54.48亿元，较2012年增208%）。

2014年1月至今，绿地控股集团执行副总裁、绿地香港控股有限公司董事会主席、绿地控股集团西北房地产事业部董事长、总经理。

创新理念及相关实践

创新产品价值，拥抱市场蓝海。

对于"房地产行业发展迈入新阶段"，陈军早有准备，他敏锐地意识到，产品价值是红海竞争中的核心竞争力，创造差异化价值是突破市场红海的有效手段。近年来，他率领团队面向市场、创新思维，大力加强市场研究，紧密结合市场需求，强化产品定位和技术创新，不断提升项目的市场契合度和产品附加值，提高产品在市场上的差异化竞争力，成功实现红海突围，在2013年的房地产市场取得佳绩。

陈军注重使产品具备客户亟需的、市场缺乏的使用功能，尤其是注重产品在节能环保和智能化方面的建设，力求为住户创造更健康的生活环境，更简便的生活方式，从而使绿地以优质产品赢得市场。

在节能环保技术方面，陈军发挥"合作共赢"理念，加强与外部力量的合作，引入目前国际上最先进的"空气净化处理"技术，并成功实现落地应用，建立了绿地控股集团独有的PM2.5净化处理系统，远远领先于多数楼宇"只过滤不处理"的防PM2.5系统。目前，该系统已用于绿地控股集团西北房地产事业部及绿地香港控股有限公司旗下多个楼盘，消费者可以在售楼中心直接体验到绿地PM2.5净化处理系统的性能和效果，这为绿地产品创造了"更健康"的附加值，取得了独到的差异化竞争优势。

智能化生活是大势所趋，绿地控股集团2013年**提出"智慧城镇"战略，抢占行业先机**。实际上，在提出这项战略设想之前，陈军等管理者已经率先着手进行绿地的智能化产品开发实践。如绿地控股集团在西咸空港新城已落实智慧社区建设，充分借助物联网、云计算等先进技术，创造性地以市民和社区为核心，提出社区融合服务、市民融合服务的思想，整合市民生活中待解决和提升的各种服务设施与服务资源，让市民轻松享受安全、便捷、健康、幸福的智慧生活，形成了**基于海量信息和智能过滤处理的新生活、产业发展、社会管理等模式，面向未来构建全新的社区形态，创建智慧园区，打造绿色创新典范，让所有人享受到各种先进、舒适服务营造的真正的梦想之家**。

以创新产品价值为根本，陈军使绿地品牌美誉度、产品市场竞争力、企业市场占有率在区域市场上进一步提升，同时也推动了行业市场竞争走向更多元、更健康的格局，为进一步提高社会人居水平做出了积极贡献。

张贵林

北京住总集团有限责任公司　党委书记、董事长

人物标签：为生民安其居，为建筑立伟业

个人简介

张贵林，男，1963年4月出生，汉族，广西兴安人。1982年11月加入中国共产党，1983年08月参加工作；中国科学院研究生院管理科学与工程专业，获管理学博士学位，教授级高级工程师；现任北京住总集团有限责任公司党委书记、董事长。

工作经历及相关业绩

张贵林历任中国农业机械化研究院科技处副处长，广西兴安县副县长，农业部农机化项目办公室副主任，北京市二轻工业总公司总工程师，中关村科技园区管理委员会副主任，北京中关村科技发展（控股）股份有限公司党委书记、董事长，另担任北京市监察机关特约监督员，中国科学院研究生院MBA兼职导师，中国房地产协会副会长，北京市青年企业家协会副会长，北京建筑业文化艺术协会理事长等社会职务。现任北京住总集团有限责任公司党委书记、董事长，北京市十三、十四届人大代表。

创新理念及相关实践

张贵林在北京住总集团有限责任公司（以下简称住总）成立25周年之际，结合自身实践创造性地提出了包括**"为生民安其居，为建筑立伟业"**为企业使命的《住总宣言》，共9句话188个字，成为住总集团的核心价值观。

2005年5月27日，张贵林深入四川地震灾区指挥援建，提出**"因地制宜、科学合理、集散结合、方便生活"的过渡性安置房建设模式**，受到当地政府和百姓的称赞，住房和城乡建设部也授予了住总"抗震救灾先进单位"称号。

为了解决中低收入百姓的住房问题，住总把保障房作为地产开发的主攻方向。仅"十一五"期间和2013年6年间，住总就建设了保障房小区16个、各类保障房800多万平方米，让10万户居民住有所居。在保障房建设实践中，张贵林提出的《住总集团保障房建设理念》得到时任国务院副总理李克强的赞赏。

在保障房的建设中，张贵林大力倡导并推进了住总与万科的合作，并在实践基础上，总结出**住总住宅全产业链优势与万科管理标准化相结合的保障房建设"住总·万科模式"。**

在天津武清区村镇改造过程中，张贵林把地方政府拆迁安置上强大的组织动员能力和住总住宅全产业链的集团一体化经营优势结合起来，提出了推进城镇化建设的"住总·武清模式"。

获奖情况

曾先后荣获"中国十大房地产企业文化领袖人物"称号、"中国房地产业十大卓越功勋"奖、"第二届中国经济十大诚信人物""第四届中国改革十大新锐人物""2006年当代中国十大杰出人物""推动城市化进程特殊贡献人物"称号、"第四届北京市优秀青年企业家金奖""人居十年·中国建设十大杰出贡献企业家"称号、"中国企业创新年度人物""中国城市建设60年十大杰出人物""中国十大最具创新力企业家"称号、"北京市第二十四届企业管理现代化创新成果二等奖""企业文化建设领军人物"称号、"中国房地产住房保障建设杰出贡献人物""建党90周年全国企业优秀党委书记"荣誉称号、"2011最具责任感的保障房推手"荣誉称号、"北京十大影响力人物"奖等。

毛大庆

万科企业股份有限公司　高级副总裁

人物标签：融贯中西的地产儒商

个人简介

毛大庆，无党派人士；北京大学区域经济学博士后；对外经济贸易大学客座教授，清华大学继续教育学院客座教授，东南大学建筑系特聘教授，中科院MBA中心客座教授，北京大学法学院校外辅导员；英国皇家测量师协会荣誉会员，注册建筑师。

工作经历及相关业绩

毛大庆有超过20年的大型跨国企业和上市企业管理经验。加入万科前，毛大庆任职于亚洲最大的房地产投资机构新加坡嘉德集团，担任新加坡凯德置地中国控股集团（新加坡嘉德置地集团成员）环渤海区域总经理一职；2008年8月，升任新加坡政府下属的淡马锡控股负责中国事务的高级管理人员。

在嘉德集团工作的14年间，曾负责雅诗阁服务公寓在上海、北京、广州的项目；后负责北京和环渤海的项目发展和管理，期间，主持完成了大型商业综合体北京来福士广场及参与完成来福士中国基金。

毛大庆现任万科企业集团高级副总裁、万科北京公司总经理（兼秦皇岛）、北京万科物业管理有限公司董事长，同时分管集团的商业地产业务，年销售规模150亿，管理员工团队约500人。

2009年至2012年，毛大庆带领企业为北京市创造各项税收逾90亿元。

创新理念及相关实践

基于在新加坡政府多年的工作经验，毛大庆积极参与中央和地方政府保障性住房的制度设计和建言献策工作。对保障性住房的制度设计积极建言献策，完成专题报告三份、提案八份，受到了中央和北京市领导的高度重视；其他各类提案五次入选市、区优秀提案，解决数项老百姓生活的实际问题；同时参与了北京市"十二五"发展纲要等多个重大课题的主要研究。目前，其所在企业正参与北京市廉租、公租、限价等各类保障性住房建设约100万平方米。作为中央统战部**无党派人士建言献策**委员会成员，每季度向中央统战部主管领导提交《**房地产市场变化趋势观察报告**》。

在过去的两年时间里，毛大庆数次作为房地产行业专家受邀参加国务院相关部委行业的政策会议，向党和国家领导人客观反映行业的发展状况，并就行业健康发展积极献言献策，反响良好。2010年，他还受到习近平同志、王岐山同志的亲切接见。

毛大庆2009年当选为北京市房地产业协会副会长，2011年受邀成为北京市住房和城乡建设委员会住房保障咨询专家组成员，2012年当选为全国工商联房地产商会副会长。毛大庆长期以来就**城市建设、房地产行业发展以及人居环境改善**等问题进行了深入的探讨与研究。在担任北京市房地产业协会副会长期间，他充分发挥政府和企业间的桥梁纽带作用，传达政府的政策意图，反映企业的愿望和要求，维护企业的合法权益并规范行业行为。毛大庆现有著作《城市人居生活质量评价理论研究》《一口气读懂新加坡》《北京绿皮书》、童梦京华之《永不可及的美好》《无处安放的童年》，翻译《清水、绿地、蓝天——新加坡走向环境和水资源可持续发展之路》《奔跑的力量》。

获奖情况

中国地产先锋榜2013年度地产先锋贡献人物。
2013北京房地产行业年度人物。
2014年度公益人物。

黄俊灿

金地（集团）股份有限公司　总裁

人物标签：借助云服务平台科学筑家

个人简介

黄俊灿，金地(集团)股份有限公司董事、总裁，同济大学工学学士、英国威尔士大学新港学院（深圳）MBA研究生，曾在清华大学经济管理学院研修财务管理、中欧国际工商学院研修CFO模块课程。

工作经历及相关业绩

1992年加入金地，他先后担任金地集团工程部副经理、金地集团北京地产公司副总经理、金地集团深圳公司总经理、监事会职工代表监事、金地集团总裁助理兼深圳公司董事长、西安地产公司董事长。

2008年至2010年，他任金地集团董事、高级副总裁、财务总监，同时兼任深圳公司董事长，现任金地集团董事、总裁。

创新理念及相关实践

自2001年上市以来，金地集团一直秉承"**科学筑家**"的核心理念，**追求卓越，不断创新**。公司产品标准化体系日益成熟，特质越发鲜明，赢得了市场的认可和赞誉，创造了巨大的市场价值。

黄俊灿一直致力于产品和物业服务的创新。他认为，在面向未来的市场竞争，金地始终聚焦于产品质量，力求从客户实际需求出发不断推出陈新，努力寻求住宅产品居住本质的回归，不断探索现代的居住方式，打造有灵魂的产品。

科学源于人，应服务于人。在黄俊灿的产品理念中，关怀人性、关注客户生活本源是一切产品创新的出发点。因此，2011年在黄俊灿的主导下，金地集团提出了"引领人本生活"的住宅品牌核心价值，从人文风格、人性功能、人情社区几个方面实践引领人本生活的产品理念，并将这一价值观深入贯彻到规划设计、服务管理、商业配套、智能家居甚至样板区的气氛营造等所有环节，让金地的**每一个产品都脉动着"人本"的灵魂**。

黄俊灿还认为，未来产品的竞争力不会停留在单个产品层面，而是通过产品系列化和产品品牌的塑造，实现"经典、领先、一致"的产品发展目标。

2011年来，在黄俊灿的主导下，金地不断整合产品系列化、标准化体系，打造出格林、褐石、名仕、天境、世家五条主要住宅产品线，使得产品开发效率得到不断提升。2013年，为了进一步推进产品创新，金地专门设立了住宅研发设计公司，新研发出3条具有东方风情、符合刚需主流客户群的首置、首改型新产品系列，满足了客户多样化的住房需求。

为了进一步提升金地产品的服务能力，在黄俊灿的主导下，金地集团还积极探索物业管理服务的创新。2012年，金地集团依托公司的资源背景和强大的市场拓展能力，**整合各区域、城市、项目的公司内外优质资源，构建成一个庞大的服务资源池，在中国房地产业界首创了"云服务"客户深度服务平台**。客户通过加入金地"家天下"客户会网络，可以获得全方位的"云服务"，真正享受到超越一般的出色生活体验。

除此之外，黄俊灿还强调企业社会责任，赋予"人本"思想更为深刻与丰富的内涵。尊重地缘文化、城市文脉和建筑历史，倡导城市空间的多元、和谐；更以持续发展的眼光，积极投入节能环保技术的研发，关注建筑、人居环境及自然环境的可持续发展，让建筑不仅为舒适生活服务，更与社会发展同步。

获奖情况

2011年8月，获得博鳌观点地产论坛"2011中国房地产新领袖人物大奖"。

2011年9月，荣获由中国房地产业协会、中国地产研究会、住房和城乡建设部科学技术委员会办公室和《中国建设报·中国住房》联合颁发的"2011·中国房地产最具创新推动力人物"奖。

潘 文

北京首都开发控股（集团）有限公司　副总经理

人物标签：将创新贯彻到产品质量、研发、融资及管理等领域

个人简介

潘文，男，汉族，祖籍江苏扬州，1963年4月生于北京；1985年8月参加工作，获硕士学位；1991年3月入党，高级工程师职称。现任北京首都开发控股（集团）有限公司副总经理。

工作经历及相关业绩

1985年7月至1991年9月，北京市第一城市建设开发公司干部。

1991年9月至1992年11月，北京城市建设开发总公司团委副书记。

1992年11月至1994年7月，上海燕海房地产开发公司副经理。

1994年7月至1999年10月，北京城市开发集团有限责任公司沿海事业部副主任。

1999年10月至2000年6月，北京城市开发集团有限责任公司沿海事业部副主任，京澳有限公司董事、副总经理。

2000年6月至2003年4月，京澳有限公司党支部书记、总经理。

2003年4月至2006年1月，北京城市开发集团有限责任公司望京新城分公司党总支部书记、经理。

2006年1月至2008年3月，北京首都开发控股（集团）有限公司总经理助理、经济合作事业部总经理。

2008年3月至2011年9，北京首都开发股份有限公司副总经理。

2011年9月至今，北京首都开发控股（集团）有限公司副总经理。

创新理念及相关实践

潘文主要负责首开集团土地整理、保障房建设、存量资产整合盘活等方面工作，一直致力于产品创新和技术创新，认为只有勇于创新、坚持创新，产品才能发展，企业才能生存。**坚持创新是一种态度，只有不断创新才能领先，才能造就经典，经典永远历久弥新**。在这种理念的指导下，首开集团开发的项目都力图将其建造成相关区域的居住典范——项目的建筑、园林、户型，甚至外立面方案都经过了专家的多番论证，数易其稿，力求每一个细节都做到精益求精。

在负责首开集团项目的开发建设中，潘文一直**重视产品的质量建设和科技研发，建立了整套质量管控体系和绿色建筑评价体系**，所开发建设的项目多次获得结构长城杯、优秀工程设计奖等市级奖项和国家绿色建筑星级认证。近几年，由首开集团开发建设的首开温泉凯盛家园、中晟新城等保障房项目都获得了北京市住建委颁发的《二星级绿色建筑设计标识证书》。其中，温泉凯盛家园还是北京市首个获得"绿建二星"的保障房项目。

潘文分管首开集团的海外业务后，积极拓展海外市场，其开发的澳洲悉尼The Quay项目是近几年国企在澳洲的首个房地产开发项目。在项目的开发过程中，他坚持对开发节点进行严格控制，实现国内国外的管理互动，采用优化措施降低项目交付后的运营成本，在节能环保和融资渠道方面不断创新，特别是在融资渠道方面进行了创新，使该项目成为首个与中国工商银行房地产开发业务签署内保外贷的项目。

同时，潘文还在集团的内部管理工作中力求创新，加强和改善基础管理，提升企业运行质量和效益。在对保障房开发建设的管理过程中，针对保障房建设对建安成本、开发周期及销售对接要求较高等特点，在项目开发管理中充分发挥创新管理方式，从四个方面入手把好产品质量关：一是从施工生产计划、分包合同、劳务队管理、统计报表、技术管理等方面完善项目管理制度；二是规范成本管理和合同管理，与招标代理单位沟通，对项目中标单位的投标报价进行了清标分析，确定了成本基数；三是加强全面预算管理，认真落实月度计划，监控生产经营运行，保证生产任务完成；四是与政府相关部门及销售对象进行及时有效的对接沟通。在潘文与他的团队共同努力下，首开集团《提升大型房地产集团管控能力的全面预算管理》获得了"第19届全国企业管理现代化创新成果"二等奖和"第27届北京市企业管理现代化创新成果"一等奖。

获奖情况

2013年1月，荣获全国企业管理现代化新成果审定委员会颁发的"第19届全国企业管理现代化创新成果"二等奖。

王德银

银亿房地产股份有限公司　总裁

人物标签：全面创新争做全生命周期和全方位服务的中国品质地产引领者

个人简介

王德银，男，汉族，1963年出生，浙江杭州人，1982年参加工作，中共党员，硕士毕业，获高级会计师职称。现任银亿房地产股份有限公司总裁，中国房地产业协会常务理事。

工作经历

1982年至1993年，任安吉县物资局财务科科长；

1994年至2000年，任浙江省物资开发总公司财务部副经理、总经理助理；

2000年至2002年，任浙江省物产集团公司财务资产管理部部长；

2003年，任上海银嵊房地产开发公司常务副总经理；

2006年至2011年，先后担任宁波银亿房地产开发有限公司副总经理、南京银亿建设发展有限公司总经理、舟山银亿房地产开发有限公司总经理；

2012年，任银亿房地产股份有限公司常务副总裁；

2013年至今，任银亿房地产股份有限公司总裁。

创新理念及相关实践

王德银深耕银亿十余载，始终**视创新为公司发展的核心动力**，并

对其有着自己独到的理解和成功实践。正是凭借着这些创新理念和实践，他才成功地引领着银亿在房地产领域创造了一次又一次的"加速度"。

他认为，企业创新的关键，首先要从管理上进行创新。为此，他推行了"项目激励机制"，中高层管理团队与企业风险共担、利益共享。在基层管理方面，他大胆启用新生代力量。这些"管理创新"的新举措让银亿的管理层充满了战斗力与创造力，公司的各项策略得到了高效的贯彻执行。

对于产品创新，王德银和银亿的管理层坚信：**唯有不断创新的高品质产品，才能得到客户的认可**，公司才能在激烈的市场竞争中生存、发展并壮大。这一理念深入贯彻到了项目定位、产品设计、商业配套、智能家居等产品开发的各个环节，银亿的诸多项目也因此多次荣获中国住区规划设计创新示范楼盘奖、中国绿色生态健康住宅创新示范小区金奖、中国最具品牌创新价值示范楼盘、全国优秀社区环境金奖、全国人居经典建筑环境双金奖等全国性奖项和荣誉。

产品创新是硬件，营销创新与服务创新则是企业的软实力。

王德银非常重视房产营销的创新，从传统的"坐销"转变到更为主动的"行销"，从单纯依靠传统媒体升级为多种创新媒体的组合运用。在创新营销理念的推动下，银亿创造了一个又一个销售奇迹。

他认为，服务创新是公司软实力的另一种体现。银亿一直致力于客户服务与物业管理模式的创新，并于2005年10月在宁波率先成立"银亿会"，推行全面细致的售前、售中和售后服务。未来，随着银亿360度关爱服务体系的完善，服务质量还将不断升级，服务模式还会不断创新，从而获取客户最大的满意度与忠诚度。

在创新的同时，银亿一直积极推进标准化体系的建设：以产品标准化为先导，以管理标准化做管控，以服务标准化促提升，大力推行标准化产品线开发。目前，银亿产品标准化体系建设方面已取得了阶段性成果，并已完成了设计、成本、营销、工程、运营管理等制度流程体系，标准化战略已经成为银亿发展的核心战略之一。

银亿在立足宁波的同时，布局全国，大力实施本地与异地开发并举的战略，业绩卓著。值2014年银亿股份成立20周年之际，公司提出了"创亿生活，筑就梦想"的全新品牌口号。未来，银亿股份将迈入新的征程，进一步拓展国际视野，吸收国际最新建筑人居精华，并融入到银亿的产品之中。在现有物业开发类型的基础上，银亿将继续探索创新，适时尝试旅游地产、文化地产、养老地产、工业地产等新兴物业类型，力争成为全生命周期、全方位服务的中国品质地产引领者。

张华纲

中国天地控股有限公司　总裁

人物标签：让精英家庭尽享健康人生

个人简介

张华纲，现年51岁，华中科技大学工业自动化专业学士、美国纽约州立大学布法罗管理学院MBA。现任中国天地控股有限公司董事、总裁，中国养老产业领导者。

工作经历及相关业绩

张华纲历任深圳赛格宝华电子股份有限公司销售经理、经营部部长、副总经济师；金地(集团)股份有限公司总经理助理、财务总监、常务副总经理、总经理、总裁、董事。曾担任金地集团的总经理、总裁职务长达12年，带领金地集团由区属企业成长为全国性开发企业；金地/UBS中国房地产美元基金创始人之一，领导金地集团与ING、平安信托等金融机构的房地产基金和股权投资合作。获"中国房地产十佳品牌人物"称号。

2010年7月，创立中国天地控股有限公司，任董事、总裁，专注养老产业的开发与运营服务。

创新理念及相关实践

由张华纲先生创立的中国天地控股有限公司以"**让精**

英家庭尽享健康人生"为企业使命，做"**中国最领先的健康退休社区开发运营商**"为企业愿景，历经10年发展，成为为10万户家庭提供养老服务的标杆品牌企业！

中国天地控股有限公司创新的商业模式、产品模式及服务模式已经得到了来自市场、政府、业界的广泛认可和高度评价！

张华纲观点

- 我们不是开发商，而是服务商。
- 养老是产业，地产只是依托的平台。
- 中国养老产业正迎来一个元年。
- 2020年，实现服务全国10万个家庭的目标。

史建华

苏州市新沧浪房地产开发有限公司　董事长、总经理

人物标签：房地产界古建民居第一人

个人简介

史建华，毕业于东南大学，高级工程师、高级策划师、英国皇家特许建造师。1969年起开始从事建筑行业，被誉为"房地产界古建民居第一人"。现任苏州市新沧浪房地产开发有限公司董事长兼总经理。同时担任苏州市政协委员、苏州市姑苏区人民代表大会常务委员、江苏省工商联房地产商会副会长、苏州市房地产业商会会长、苏州市吴都学会会长、清华大学总裁同学会执行主席等社会职务。

工作经历

1975年8月至1978年8月，苏州市城建局科员。

1978年9月至1988年7月，苏州市机械施工公司经理。

1988年8月至1991年2月，苏州物贸中心基建部、国际贸易部经理。

1991年3月至1993年10月，苏景城建开发公司经理。

1993年11月至1996年3月，苏州海侨开发公司经理。

1996年4月至1998年3月，苏州沧浪房管局局长、副书记。

1998年4月至2002年10月，苏州沧浪房地产开发集团公司董事长。

2002年11月至今，苏州市新沧浪房地产开发有限公司董事长、总经理。

主要业绩

1. 主持了建设部城市住宅小区建设试点中唯一的古城保护项目桐芳巷的实施工作，获得了建设部试点小区金牌奖和个人优秀奖。

2. 主持苏州市首批古城改造试点工程项目的实施工作——37号街坊改造以及相应的七个街坊改造，得到多名中央和地方领导以及各界人士的关注，并到现场指导工作。37号街坊是苏州古城较为典型的旧式街坊之一，也是古城区54个街坊中首批批准实施改造的街坊之一。该项目由苏州沧浪房地产开发集团公司承接，1995年年初动工，1998年8月全面竣工，整个工程从规划、设计、拆迁、施工、安置历时近4年，改造总投资金额达2.5亿元。

3. 主持苏州老房子"双塔影园"的改造工作。改造完成后，文物界耆宿罗哲文欣然题额"吴都会馆"，将其作为海内外专家、学者、企业家交流民族建筑文化的活动会所，作为继承和弘扬苏州园林建筑的联盟基地、苏州大学和苏州科技学院的实习基地。此外，"吴都古建"以吴都会馆作为活动场所，在古建领域形成融苏州古典建筑理论研究、项目开发、设计、施工、建材设备、园艺景观、绿化、室内装潢、家具及相关手工艺行业于一体的产业链开发体系。另外，还有专门进行古建筑保护利用研究的"吴都学会"，"双塔影园"还获得了由英国皇家特许建造学会（CIOB）颁发的"CIOB杰出建设项目管理奖"。

4. 主持苏州老房子"蔚湄草堂"的改造工作，获得苏州市政府的"苏州市首批古建筑抢修保护的先进单位"奖励，荣获"2004年中国建筑珍品大院"奖项，并成功上市运作。

5. 主持苏州老房子"传德堂"的改造工作。2008年该项目获得第二届苏州市文物保护优秀工程三等奖。

6. 主持"姑苏人家"项目的开发，成为苏州最具传统风貌和现代功能的园林式别墅。获得两项国家级专利、首批企业知名字号、2006年国家建设部"中国民族建筑文化斗拱奖"、2008年联合国人居署迪拜国际最佳范例（中国）推动奖、中华建筑金石奖等诸多荣誉。

创新理念及相关实践

史建华多年来始终坚持对**中国建筑文化和传统民居的研究与探索、保护与创新**，走出了一条**既具有苏州园林传统风貌特色又符合现代人居环境和商业需求**的现代苏式建筑风格之路。

在史建华带领下的新沧浪，始终专注于古城古镇改造和园林住宅建设，相继成立了吴都古建咨询管理公司、吴都古建公司、吴都经营公司以及专门进行古建筑保护利用研究的吴都学会，打造了一支设计施工开发并重、以旧城改造为专长、以营造苏州传统风貌建筑为特色的古建筑专业团队。

在他的带领下，新沧浪由原来的国有企业改制以来，一方面，进一步走专业化运作道路，把建造苏州传统园林式住宅作为自己的品牌产品；另一方面，他始终坚持做好古建筑保护和利用的探索、创新精神，继续担负起旧城古镇改造的重任。公司在古城街坊改造和园林住宅建设中形成了一支从策划、设计到选料、施工的以旧城改造为专长的、以营造苏州传统风貌建筑为特色的古典园林建筑专业团队。而在古城改造和保护方面积累的丰富实践经验以及为中国传统建筑的保护、发展、利用和传承付出的努力和坚守，则为苏州古建筑以及中国传统民居文化的保护与发展做出了贡献。

获奖情况

1994年，获得建设部城市住宅小区建设试点金牌奖和个人优秀奖。

赵 中

西安紫薇地产开发有限公司　总经理

人物标签：人文地产传递紫薇品牌价值

个人简介

赵中，西北大学工商管理专业毕业，研究生学历，注册会计师、注册证券评估师。现任西安紫薇地产开发有限公司总经理。

工作经历及相关业绩

1990年至1993年，西安市百货公司会计。

1993年至1998年，西安矿山机械厂会计。

1998年至2014年，西安高科（集团）新西部实业发展公司财务部部长、西安紫薇地产开发有限公司总会计师。

2013年至2014年1月，西安紫薇地产开发有限公司副总经理。

2014年1月29日至今，西安紫薇地产开发有限公司总经理。

在赵中带领下的西安紫薇地产开发有限公司，始终承担着**助力城市进步、创新人居开发**的使命，历经18年的砥砺发展，累计开发面积五百余万平方米，累计投资额数百亿元，建成及在建项目达二十余个，成功布局高新、北城、曲江、浐灞等九大区域板块，逐步成为以商品房开发、产业园区与城市区域建设、社区管理、商业服务等多元化战略业务为主的复合型房地产开发企业，已经成为西部最大社区的开发者、建设者、管理者，不仅成为单一品牌旗下业主数量最多、社区最多、产品类型最多的企业，还创建了西北规模最大的泛业主俱乐部机构。先后荣获"中国房地产企业TOP100""中国蓝筹地产·最具品牌价值奖""中国西部房地产公司品牌价值TOP10""中国责任地产百强""中国责任地产·区域发展特别贡献企业"、住建部"可再生能源与住宅技术集成应用示范社区"等全国性大奖。同时,其荣膺"鲁班奖""国家康居示范工程奖""广厦奖",可谓硕果累累。

创新理念及相关实践

赵中始终坚持着理论和实际相结合、政策与实践相结合、创新与传统相结合的创业理念,践行着紫薇地产"**建筑梦想 创新生活**"的品牌理念,以独具创见的眼光和细致入微的思考,将建筑理念和人文精神相融合,以客户居住的身心需求为导向,从产品设计、工程施工到物业服务等多方面进行综合提升,并根据需求规划差异化产品,逐步形成满足业主多元需求的全系列住宅,成为全国领先的、尊重客户心灵回归的人文地产领导品牌。他认为,恪守品牌就是承诺,就是服务和责任理念。如今他正带领紫薇地产从心出发,从人文关怀回归到心灵关爱。

按照第三代社区——新型人文社区的建设理念,以紫薇之家为依托,在客户服务全程的每一个环节都注入"**心人文关怀**"品牌基因。在原有民生安居、青年优居、都市舒居、精英阔居四大产品线基础上,增加心系列产品线,打破原有按高低端分产品线的模式。心系列产品线以客户的细分需求为出发点,结合地块独有的人文价值,打造不同类型关怀心灵的生活方式。

在以紫薇东进代表的城市遗存项目建设中,践行新城市主义思想,借紫薇东进讲述二环内的600个厂院故事。社区规划和物业服务中复原大院邻里的生活情境,保留了苏式大礼堂及600棵原生态大树,小区整体建筑充分利用现有的绿化及景观条件。同时设置内燃机头,铁路及其他雕塑小品,来展示地块原有的文化特色,**尊重地块文脉**。展现了对城市和历史的尊重,镌刻下人们心中的美好记忆。融合紫薇、业主、供应商三方资源,**满足个性化居住和情感交流需求**的人文关怀社区,整合资源和深化服务,打造以家庭、老人、儿童、邻里为中心的"全龄"产品体系和贴心、安心、爱心、开心的"全心"服务体系,营造四大空间,搭建八大平台,实现一项机制转变服务升级,实施"5个1"工程,全方位传递紫薇人文地产的品牌价值。

冯 军

天津市历史风貌建筑整理有限责任公司　党支部书记兼董事长、总经理

人物标签：以文化之魂筑古建之春

个人简介

　　冯军，男，汉族，1974年9月生，祖籍内蒙古，1996年7月参加工作，硕士学历，高级工程师。南开大学金融系本科毕业后，入天津市国土资源和房屋管理局工作，先后获得南开大学工商管理硕士学位和北京大学公共管理硕士学位。2005年9月，组建天津市历史风貌建筑整理有限责任公司，任党支部书记、总经理，2009年至今任党支部书记、董事长、总经理。

工作经历及相关业绩

　　冯军自1996年7月参加工作起，历任天津市住房资金管理中心业务科副科长、天津市房地产管理局计划外经处处长助理、天津市房地产管理局、天津市国土房管局计划外经处副处长、处长等职，现任天津市历史风貌建筑整理有限责任公司党支部书记、董事长、总经理。

　　自公司2005年成立以来，冯军本着"使命、激情、变革、奉献"的企业理念，带领团队对82幢、7.3万平方米的历史风貌建筑开展保护性腾迁整理工作。2014年公司总资产突破33亿元，是2006年年底的8.3倍。先后组建了5个专业子公司和1个分公司，形成以土地整理、建筑修缮、文化整合、品牌营销、资产运营五大专业板块为依托的产业链，使包括静园、民园西里、庆王府、山益里、先农大院等在内的5万余平方米**历史风貌建筑和街区经过精细化整修得到保护并发挥效应**，提高了1 479户承租居民的居住水平。

　　（一）津城静园。2005年开展保护性腾迁整理工作，2007年焕然一新的静园作为国家3A级旅游景区正式对外开放，成为国内第一座按照地方立法腾迁整修的历史风貌建筑，先后荣获天津市爱国主义教育基地、中国旅游品牌魅力景区、全国科普教育基地和全国青年文明号等荣誉称号，成为展示天津近代历史的一个重要窗口，累计接待游客超过100余万人次。

（二）民园西里文化创意街区。其将文化、创意活动与商业运作有机结合，举办"中国传统文化季"等50余次文化创意类和"沉香艺术雕刻展"等200余次公益性文化交流活动。创意市集品牌扎根西里，吸引50余家商户12大类创意产品，充分展现了民园西里文化创意产业特色，极大地提升了民园西里的文化品位，开创了天津独有的创意产业街区。自2012年以来，连续两年荣获"中国文化创意产业最具特色文化创意园区"称号。

（三）庆王府精品酒店区。庆王府于2011年10月修竣开放，在使用上恢复了餐饮、会客、多功能厅等功能，同时增加了文化展示、建筑展示、商务会议和游客服务、休闲等功能，成为天津市首家城市文化遗产俱乐部和高端服务业新坐标。与其毗邻的山益里精品酒店由27幢庭院式联排别墅构成，于2012年10月修竣运营，被誉为天津市首家别墅式历史文化主题酒店。2013年10月庆王府展览馆建成后免费开放，成为展示天津洋楼文化和历史风貌建筑魅力的又一重要窗口。自开业以来，累计承办了夏季达沃斯、国际行动理事会年会等重大活动50余场次，成为展示天津建筑遗产保护利用成果和精细化管理水平的一张名片。庆王府及山益里分别荣获"2013年度中国最佳设计酒店"大奖和"中国风景最美50家酒店"称号。

（四）先农商旅一期。其于2013年10月投入运营，业态定位坚持"以文化为灵魂"的原则，商户集餐饮、时尚、艺术、休闲于一体。其中，星巴克华北旗舰店、香港传奇港式中餐旗舰店等高端餐饮品牌悉数进驻。此外，国际顶级家居用品整合商跨界汇、知名文博企业和厚斋更是增强了街区的文化气息。截至目前，累计接待游客35万余人次，荣获"天津市小企业创业基地"和新浪天津"百名达人游天津"人气景点称号，逐步形成天津城市中央时尚文化新地标。

创新理念及相关实践

冯军在业界的创新主要表现在保护理念、整修技术和融资方面。

在保护理念创新方面，冯军在历年的保护实践中，注重对国内外先进保护理念的吸收和借鉴，并结合天津的实际情况，逐步探索形成了独具地方特色的保护理念，即"保护优先，合理利用；修旧如故，安全适用"。

在整修技术创新方面，冯军一方面沿袭使用传统的修缮工艺技术，将大筒瓦、墙体掏碱、木构件加固等传统技术充分运用在实际的工程中；另一方面大力研发新技术、新材料、新工艺、新设备，将外檐清洗和修补、仿古断桥铝窗、VRV空调等现代技术适当应用于历史风貌建筑修缮工程中。自主研发的"实用微损修复防潮层"新技术目前已申报国家专利并进入全国公示阶段。整修技术集成做到新旧技术的有机结合，不但恢复了历史风貌建筑的风貌特色，还提升了既有建筑的使用年限及建筑节能、环保、防火等方面的整体性能，提升了使用功能。

在融资创新方面，2011年8月，冯军与兴业金融租赁有限责任公司的合作，成为天津市融资租赁事业发展先试先行的成功案例。2012年，以"天津市历史风貌建筑示范点及五大道历史文化街区项目"整体申请文化产业银团贷款，组建了由国家开发银行牵头的22亿元、12年期文化产业类银团贷款。该笔贷款是目前天津市单体融资额度最大的文化产业贷款，实现了筹资方式、筹资规模、筹资期限、筹资审批、筹资用途等各方面的创新和突破。

获奖情况

曾荣获"第十一届天津青年五四奖章""2011年度天津市廉政勤政优秀党员干部""2012年度天津夏季达沃斯论坛先进个人"等称号。

2011年11月，《新形势下国有企业经济责任审计工作的思考》论文荣获中国内部审计协会颁发的经济责任审计理论与实务优秀论文三等奖。

2011年11月，《构建适应成长期国有企业特点的内部审计质量管控体系》论文荣获中国内部审计协会颁发的内部审计质量管理优秀论文三等奖。

2013年6月，《天津市历史风貌建筑泛资源整合保护利用研究》论文荣获天津市国土资源和房屋管理局颁发的一等奖。

2013年5月，《典型历史风貌建筑及既有建筑综合改造技术集成示范工程研究》论文荣获天津市国土资源和房屋管理局颁发的科学技术一等奖。

2013年5月，《五大道历史风貌建筑适用结构修复及空调采暖技术的研究与应用》论文荣获天津市国土资源和房屋管理局颁发的科学技术二等奖。

曹 靖

西安高科国际社区建设开发有限公司　副总经理（主持工作）

人物标签：第三代国际社区建设的开路人

个人简介

曹靖，男，1969年5月生，中共党员，毕业于澳门亚洲公开大学工商管理专业，研究生学历，助理经济师。曾任职于西安紫薇地产开发有限公司，现担任西安高科国际社区建设开发有限公司副总经理（主持工作）。

工作经历及相关业绩

1997年至2012年，西安紫薇地产开发有限公司总经理助理、副总经理。

2013至今，西安高科国际社区建设开发有限公司副总经理（主持工作）。

曹靖在任职于西安紫薇地产开发有限公司期间，主要负责公司的产品策划设计、营销推广以及品牌宣传工作，为"紫薇"的品牌建设做出了重要贡献。18年来，紫薇地产的销售额始终处于西安市场前列，并被评为中国房地产"综合开发""责任地产"双百强企业，带动并促进了西安房地产业在营销推广、产品研发方面的不断提升。

2013年，曹靖全面负责西安高科国际社区建设开发有限公司（以下简称西安国际社区）的整体开发建设工作。在他的带领下，西安国际社区致力于服务三星、强生等全球知名企业，从无到有打造集国际生态、国际教育、国际健康医疗、国际休闲商业、国际多元文化为一体的国际休闲商务文化区。仅用一年时间，已完成片区18.72平方千米的总体规划及相关审批工作，国际学校、奥特莱斯等一批重点项目现已开工建设。

创新理念及相关实践

曹靖认为，随着新丝路经济带规划的确立，西安成为新丝路经济带的起点城市，无疑已成为中国西部的核心重镇。在西安迈向国际化大都市的进程中，在高新区创建世界一流科技园区的征程中，西安国际社区担负着重要的历史使命，将成为享受国际品质生活的新平台，与世界对话的休闲新客厅、国际新门户。

2013年2月，西安高科国际社区建设开发有限公司正式成立，曹靖肩负起了公司运营和18.72平方千米土地的整体开发建设工作。在他的带领下，年轻的西安国际社区充分运用创新理念，以建设"**国际性、先进性、宜居性**"的国际化城市功能新区为目标，打造西安国际化大都市的先导区和形象区。为此，他从三方面构建了自己的创新理念体系。

一是把同步国际化作为工作的标准。

西安国际社区作为西安同步世界的窗口，把铸就国际化品质作为一切工作的出发点和落脚点。提升国际化品质，应建立国际化的标准体系，将项目策划、规划设计、施工建设、招商引资及品牌传播、运营管理、企业内部管理等融入国际化标准体系。建立国际化专家顾问团队，**形成第三方验证评估体系**，达到提升国际化品质的目的。通过全方位国际化标准体系的建立、实施和评估，使国际社区的国际化品质得到全面提升，实现同步国际，引领西安。

二是积极寻找模式创新。

西安国际社区的开发建设时间紧、标准高，公司不墨守成规，积极开拓思路，进行模式创新。对接国际先进设计机构，采用以人为本的设计理念，创新规划设计；在招商工作中，积极学习借鉴先进经验，选择最优招商合作模式；拓展思路，创新融资模式，提高融资能力；运营管理创新，学习国内外先进的运营管理模式，提高运营管理水平。通过一系列的模式创新，提升国际化品质。

三是创新开发理念。

西安国际社区依托大西安的国际化进程，配套服务三星、强生等重大项目，在项目诞生之初就要求具有同步国际品质的开发理念。片区以在西安工作的外籍人士、高净值富裕人群、向往国际化生活的大众富裕人群为主要客群，通过研究国际化人士的生活习惯、消费需求等，打造集"**工作、居住、休闲**"**三位一体**的第三代国际社区。

李建伟

北京易地斯埃东方环境景观设计研究院有限公司　总裁兼首席设计师

密钥：追求个性，发挥景观的整合能力，让生活与自然构建平衡关系

个人简介

李建伟，祖籍湖南省长沙市。1982年毕业于中南林学院，1995年获美国明尼苏达大学景观艺术硕士学位，1996年加入国际著名景观规划设计公司——美国EDSA，设计项目遍及世界各地。

他有着丰富的跨国设计经验，凭借杰出的实力被擢升为EDSA合伙人，并于2006年回国，带领EDSA Orient设计团队打造出亚洲景观设计行业的领袖企业。他有着丰富的行业经验和深厚的专业知识，一直活跃在国内外景观设计实践与教育领域，担任清华大学继续教育学院客座教授、北京交通大学建筑与艺术系兼职教授、北京工业大学工艺美术学院客座教授、西北农林科技大学客座教授、哈尔滨工业大学建筑学院兼职教授、华中农业大学园艺林学学院兼职教授、中南林业科技大学客座教授、吉林市人民政府城市建设高级顾问、吉林市城乡规划委员会专家咨询委员会专家委员、湖州太湖旅游度假区发展专家顾问、北京市昌平区城乡规划与公共艺术委员会专家委员会委员、中国风景园林网专家库专家。

工作经历及相关业绩

在20多年的职业生涯中，李建伟在区域景观规划、城市景观系统、高档主题酒店、旅游度假项目、公共设施及社区居住项目等领域的规划设计中建树卓著。1996年，他加入国际著名规划设计公司——美国EDSA，在美洲、欧洲、亚洲、中东等地区多个国家有着丰富的跨国设计及教育培训的经历，凭借其杰出的实力被擢升为EDSA合伙人，直接参与企业的高层管理及重要项目的设计主持。

李建伟的设计融合了景观本土的文化精神，体现着对享用景观的人们的生活质量的关切。他不仅拥有艺术家的奇思妙想，更有将构想转化为令人惊叹的实景的驾驭能力，能够领导从概念总体规划、方案初设、详规到施工监理的全程服务。同时，他更擅长于以抽象性表达将景观的生态要素、生活功能与文化内涵密切地结合起来，其特有的艺术敏感以及对美学原理的尊重充分流露于他的作品之中。

主持的部分国际项目

Ras Al Khaimah度假区（阿联酋迪拜）、Broadwater滨水度假区（澳大利亚）、Peabody Expansion酒店（美国佛罗里达州）、绿色丛林度假区（美国佛罗里达州）、万豪阿鲁巴冲浪俱乐部（阿鲁巴岛）、盖罗棕榈度假区及会议中心（美国佛罗里达州）、佛罗里达凯悦滨海度假俱乐部（美国）、里兹-卡尔顿名人城（美国乔治亚州）、威斯汀奥兰多度假区及温泉疗养院（美国佛罗里达州）、瑞迪桑阿鲁巴加勒比海度假区及娱乐场（美国阿鲁巴岛）、Radisson Suite海滨度假区（美国西海岸）、凯悦Seville酒店（美国迈阿密）、凯悦St. Kitts度假区（美国）、塔尼卡郡娱乐城（美国）、桑尼比尔岛滨海网球俱乐部（美国佛罗里达州）、南海种植园（卡普提瓦岛）、彼得岛游艇俱乐部（英国）、好莱坞明星酒店及娱乐城（拉斯维加斯）、Widewater度假区（维吉尼亚）、太阳城高尔夫社区（韩国）、迪斯尼西岸（美国）、庆典城（美国）。

主持的部分国内项目

南宁园博园——南宁五象湖（广西）、太湖旅游度假区——梅东区、株洲炎帝广场（湖南）、中央电视台新台址媒体公园（北京市）、潍坊白浪河鸳都湖（山东）、徐汇滨江公共空间（上海市）、张北风电主题公园（河北）、南太湖中央公园（浙江）、嘎洒喜来登度假酒店（云南）、九龙山旅游度假区及高尔夫俱乐部（上海市）、国际航空城（北京市）、云霄温泉度假村（福建）、清水湾旅游度假区（海南）、神州半岛（海南）、成都保利皇冠假日酒店（四川）、国际会议中心（辽宁）、龙湖景观设计（广西壮族自治区）、襄阳临汉门公园（湖北）、月亮湾湿地公园（湖北）、漳州奥体中心（福建）、人民大学校区改造设计（北

京）、吉林市城市景观生态系统规划（吉林）。

创新理念及相关实践

设计主张方面，**李建伟坚持追求个性**，精研自己感兴趣的风格，反对中庸平衡之道。形成了自己在景观统筹、城市生态、大城市的雨洪管理和调蓄系统、湿地保护与污染物处理、生态设计等方面的独特设计观点。

李建伟认为，现代城市的景观设计，其功能早已超越传统的庭

院设计或城市绿化，而是和城市的生态环境和生态文明建设密切相关，成为建设宜居城市的重要组成部分。景观设计必须与城市规划、自然生态和城市人文结合起来。**他倡导用景观统筹城市的生态建设，发挥景观对规划、建筑、水利、经济产业等方面的整合能力**，将城市生态跟相关产业结合，强化优化功能，使景观有能力去改变一个城市的生态，保证城市能有一个良性循环的发展轨迹，从而使城市的土地价值能够得到有效的保护和提升。通过景观的创造还可以更多地关注人们的生活，提高景观对人们生活水平、文化以及未来可持续发展所起的积极作用。

李建伟认为，**必须从城市生态总体的层面去对待景观和规划，让生活与自然构建平衡关系**。只有当我们更多更好地利用了各种资源的自然禀赋，才能真正解决千城一面的问题。

获奖情况

曾荣获美国景观协会的"设计优秀奖""全球化人居生活方式最具影响力景观设计师""2010年度中国规划设计大师""设计成就奖"等称号。

其担任主要设计师的美国阿鲁巴岛玛瑞尔特冲浪俱乐部被Conde Nast Travelers评定为2001年世界最佳度假区、美国瑞迪逊加勒比海度假区被《度假及酒店》杂志推选为"2001年度假及酒店鉴赏家首选之地"。

2013年，第三届国际景观规划设计大会授予其"设计创新奖"。

董天杰

天津市城市规划设计研究院建筑分院　总建筑师

密钥：做城市视角下的建筑

个人简介

董天杰，1979年4月生，汉族，甘肃天水人，中共党员。2003年6月毕业于陕西省西安市长安大学建筑学院建筑学专业，获学士学位，同年入天津市城市规划设计研究院建筑分院工作至今。国家一级注册建筑师、高级建筑师。现任天津市城市规划设计研究院建筑分院总建筑师。

工作经历及相关业绩

董天杰大学毕业后一直在天津市城市规划设计研究院建筑分院工作，从业以来，始终以饱满的热情投入设计工作中，对每一个项目都做到努力钻研、全心付出、争创一流，以其睿智、严谨的思维和高效、踏实的作风，出色地完成了众多设计任务。作为主要设计人参与了11项天津市重点项目投标，如天津图书馆国际投标（中标）、天津人民医院扩建工程建筑设计投标（中标）、滨海文化中心建筑群概念方案国际咨询（推荐方案）、天津石油职业技术学院新校区等项目；主持设计完成多项天津市重点区域城市更新方案设计，如天津市第一热电厂区域城市更新、天津市快速路黑牛城道两侧新八大里城市更新等项目；完成支援西部大开发援建指令性任务，如新疆伽师县文化活动中心建筑设计等3个项目。此外，还相继主持设计完成了天津理工大学国际交流中心、天津市安定医院新址、天津市公安局河北区分局指挥调度中心、天津市河东区人民法院审判综合楼、天津市海河教育园区一期和二期工程等一大批天津市重点公建项目，均得到了社会各界的高度认可，多个项目获得省、部级奖。

面对高标准的设计任务和十分激烈的市场竞争，他刻苦钻研专业知识，注重学习借鉴国内外优秀的设计成果，积极投入科研学术工作，以他为核心成员成立的分院住宅研习组完成了"天津市高层住宅建筑设计研究""住宅绿色设计技术方法研究"等院级科研课题，作为第一作者在行业期刊发表论文5篇，参与编制的《天津市公共租赁住房建设实践》一书已由天津大学出版社出版发行。

创新理念及相关实践

董天杰认为，作为工作在规划设计院里搞建筑设计的技术人员，如何在完成建筑单体时准确落实规划层面的思想是他探索得最多的问题。**做城市视角下的建筑，便是他与他的团队在近些年的项目实践中摸索出来的设计理念，并在工程中始终如一地贯彻执行着。**

2011年年初，天津市按照国家统一部署，准备大面积建设公共租赁性住房，董天杰作为建筑设计主要负责人，打破传统运行模式，采用规划与建筑设计同步推进的方式，从开始阶段就将公共租赁住房这一特殊建筑类型所需的设计条件深入到规划方案中，为规划的可实施性提供了有力保证，并在随后由天津市城市建设和交通委员会组织的天津市公租房建筑设计标准制订中，结合具体方案，总结提炼了相关技术标准，为推进天津市公租房标准化建设提供了有力保障。

在天津市快速路黑牛城道两侧新八大里城市更新项目中，他同样发挥其"做城市视角下的建筑"的跨专业能力，在城市规划与建筑学之间游刃有余地转换设计思路，预见性地解决问题，为城市设计理念在建筑层面的落实打下了可实施的坚实基础。在天津海河教育园区一期启动规划设计与建设中，由董天杰主持的"天津电子信息职业技术学院"规划与建筑设计任务，采用了从规划上与园区整体规划相协调，强调校园的功能性、人文性、生态性及艺术性等诸方面的完美整合，既在单体建筑上突出校园建筑群体性特点，又兼顾园区整体效应，最终使建筑、规划、地景完美地融于一体。

获奖情况

天津市规划系统迎奥运市容环境综合整治规划设计工作先进个人及规划院"优秀青年"、2010—2012年连续两届规划院"十佳青年""天津市青年岗位能手标兵"等称号。

2013年10月，参与设计的文化中心总体设计在2013年度天津市"海河杯"优秀勘察设计评选中获建筑工程特别奖。

2013年10月，参与设计的天津图书馆在2013年度的天津市"海河杯"优秀勘察设计评选中获建筑工程特别奖。

2013年12月，天津市大寺新家园修建性详细规划获2013年度天津市优秀城乡规划设计三等奖。

王 羽

中国建筑设计研究院国家住宅工程中心设计部　主任建筑师

密钥：兼容并包，创新加融合

个人简介

王羽，1981年生，2009年取得日本国立大阪大学人居环境领域博士学位后回国，入职中国建筑设计研究院，目前主要从事居住环境研究及设计工作。现为中国可持续发展研究会人居专业委员会委员、人与环境国际研究会会员、日本人居环境学会委员、日本建筑学会会员。

工作经历及相关业绩

2009年至今，中国建筑设计研究院。

2010—2011年，完成了《住宅厨房模数协调标准》和《住宅卫生间模数协调标准》的编制，上述标准已发布实施。

2012—2013年，我国首个模块化建筑体系的工程项目"镇江港南路公租房项目"，建筑专业负责人。

2012—2014年，负责国家"十二五"科技支撑计划项目课题《社区适老型规划、建筑设计技术研究与示范》适老建筑套内部分研究，其研究成果为"适老建筑设计图集"及"适老型建筑部品库"，通过图集与优秀产品应用案例的形式，为老年建筑、适老型建筑设计提供依据。

2013年，参加编制中国建筑设计研究院为主编单位的国家标准《老年人居住建筑设计规范》，负责通过调研、实验等方法对标准中的各项数据进行研究论证，目前标准已经完成征求意见工作，正在形成报批稿阶段。

2013年年底至2014年5月，以老年建筑套内空间设计参数为切入点，组织设计建成了我国首个适老建筑实验室，今后它将为各类适老型建筑空间的设计、小套型无障碍空间设计及老年、无障碍标准的制订提供数据支持。

2013年1月至2015年，作为子课题负责人开展国家"十二五"科技支撑计划项目的子课题《东南沿海地区农村多层住宅建造适宜性技术》研究，针对东南沿海地区绿色技术进行经济性与地区实用性分析，对该地区农村多层住宅绿色成套技术的运用作深入系统的整理和研究。

创新理念及相关实践

王羽始终坚持以开放的态度积极引进国外的先进技术和理念，形成符合我国实际情况、满足我国居民实际需求的创新技术体系。主要实践项目有：已建成的中国建筑设计研究院"国家住宅中心适老建筑实验室"，正在建设中的镇江港南路公租房项目——爱尔兰模块体系。

王春雷

中国建筑标准设计研究院有限公司　建筑室主任、设计总监

密钥：提倡将创新思维融入规划设计

个人简介

1976年1月出生。1998年7月，毕业于北京工业大学，获建筑学学士学位。2001年7月，毕业于北京建筑工程学院建筑学专业，获硕士学位。现任中国建筑标准设计研究院有限公司建筑室主任、设计总监。2004年获建筑师职称，一级注册建筑师。

工作经历及相关业绩

2001年7月至2006年6月，中国建筑设计研究院规划院设计师。

2006年6月至2011年3月，中国建筑设计研究院陈一峰工作室设计总监。

2013年3月至今，中国建筑标准设计研究院建筑室主任、设计总监。

近年负责设计的主要成果有：北京南北丰写字楼公寓楼综合体、丰台科技园产业基地修建性详细规划、北京宣外大街危改小区详细规划设计、中国司法部办公楼方案设计、马连道设计、唐山会展中心方案及初步设计、西安浐灞生态区住宅区设计、沈阳清韵百园小区规划及方案设计等。

担任专业负责人的项目有：中国科学院过程大厦方案设计、信阳富丽华城市花园规划方案、国家教育行政学院综合教学楼及体育馆、张家口左卫镇金泉大道城市设计、重庆百年同创居住小区（线外）规划设计、郑州橄榄城，内蒙古鄂尔多斯数码大厦方案设计、昆山酒店项目、威海荣成三和影艺滨海度假中心、大连奥利匹克花园别墅区等。

担任设计主持人的项目有：黔西同心商贸城住宅工程、郑州天明雁鸣湖畔、东戴河海天翼项目等。

创新理念及相关实践

这些年有一句话改变着中国，那就是：中国住宅的商品化。在近几十年内，中国的城市面貌、居住区建设发生了很大的变化，城市面貌有了突飞猛进的变化和发展。**王春雷始终坚持将创新思维融入规划设计中，积极改变中国建筑千篇一律的旧模式。**其有《新城东区住宅小区设计》《重庆百年同创SOHO及会所设计》等结合案例的创新理念文章在报刊上公开发表。

获奖情况

棉花片B-3区项目荣获北京市规划委员会北京市第十七届优秀工程设计一等奖。

庆线外SOHO及会所荣获北京市规划委员会北京市第十七届优秀工程设计二等奖。

贵州·同心商贸城住宅工程荣获中国建筑标准设计研究院2013年度优秀设计与科技进步奖住宅方案二等奖。

东戴河海天翼

重庆百年同创SOHO及会所

狄 明

中国建筑标准设计研究院有限公司　建筑五室主任

密钥：交流中获取力量、智慧、信任

个人简介

狄明，1978年出生，2002年毕业于西安建筑科技大学，现任中国建筑标准设计研究院有限公司建筑设计院建筑五室主任，国家一级注册建筑师。

工作经历及相关业绩

2002年至2009年，就职于中国建筑设计研究院，参与了华凯花园、苏州火车站、苏州综合客运枢纽汽车客运站、河南省建设银行、博鳌火车站、长沙阳光100等重要项目的设计工作。

2009年至今，就职于中国建筑标准设计研究院有限公司，历任建筑师、李靖工作室副主任、建筑五室主任。参与了拉萨饭店改扩建工程、东营儿童乐园两馆一宫项目、海淀电网应急抢修分中心项目、华凯·江海庭项目、陕西人保大厦项目、凤阳政务新区项目赣州市民中心等多个项目的设计工作，并在多个期刊杂志上发表多篇论文。

创新理念及相关实践

雷姆·库哈斯曾经说过：现代社会是一个超大化的社会，我们根本不可能对此进行整体的把握和正确的对应。狄明认为，在这样的现实面前，只能放松精神参加进去，除此之外别无他法。

在此基础上，交流的意义变得无比重要，建筑师通过交流了解业主、了解社会，甚至了解我们自己，在交流中获取力量、获取智慧、获取信任。

焦晓晶

广州易象建筑设计咨询有限公司　方案总监、资深建筑师

密钥：创意为王

个人简介

焦晓晶，汉族，广州人。2004年毕业于广州大学建筑学专业，高级建筑师。2007年联合创立广州易象建筑设计咨询有限公司，现任方案总监。

工作经历及业绩

毕业初期就职于广州申派建筑设计公司，后因偶然机遇，参与广州电视观光塔的国际投标设计，在众多海选方案中脱颖而出成功入围；后加入广东奥园集团，由项目建筑师至外派项目设计顾问，通过若干个全国知名地产项目的全过程运作，了解到作为整个开发流程中的一环，建筑师应换位思考，如何与营销、成本、施工等部门相结合，创造出真正可落地的设计佳作；期间，与牛津大学合作翻译出版了《英国当代建筑设计》一书；2007年联合创立广州易象建筑设计咨询有限公司，在高端地产项目设计领域屡创佳绩，主持设计的大型住宅及公建项目遍布全国二十余个地市，设计建成了包括深圳卓越维港、合肥信地城市广场、郑州名门紫园、广州东凌广场、天津光耀城、清远怡景花园、大连君临天下、广州星誉花园等一批作品，均受到委托方的高度赞誉及业界一致认可。期间，为清华大学、西南交大、中山大学、上海交通大学等房地产总裁班授课，并受邀为天津融创、北京亿城、南宁万昌、重庆昌隆、河南置地等知名地产集团做设计内训，分享设计心得。

创新理念及实践

多元化的工作经历、甲乙双方角色的互换开阔了建筑师的思维，在建筑创作上一直注重项目的可实施性，坚持针对项目地域、气候、经济发展水平、生活习惯、成本预算等情况的基础上创新，并充分考虑开发建设单位的设计、施工管理能力，尽量保证每个项目建设过程的"可控性"。

项目前期的定位及概念设计决定了整体开发的高度，在职业生涯中积极地参与项目前期的概念设计工作，并站在建筑师的视角做出价值研判和创新思路，构造出兼具文化内涵及商业价值的双赢项目。

除此，每年大量的国内外交流，国外经典建筑空间及最新建筑材料、技术构造的参观学习开阔了设计思路，曾受多个知名地产企业之邀，担任包括荷兰MVRDV、西班牙MELVIN VILLARROEL等若干国外设计机构在国内项目的设计咨询工作。

获奖情况及出版物

深圳卓越维港获2011年度广东省优秀工程勘察设计二等奖。撰写出版《房地产精细化管理手册》，翻译出版《英国当代建筑设计》。

2015中国房产电商新趋势

开年以来，我国房地产互联网化进程不断加速，传统房地产商、房产中介、互联网房产平台在发展电商事业上的转型动作都很频繁。比较典型的是：58同城并购了垂直房产平台安居客；传统中介链家接连进行了四次并购与联合；好屋中国、房多多等新型房产电商们的市场拓展速度也明显加快。可以预见的是：接下来，随着多个楼市利好政策及"互联网+"模式的落地，中国房产电商的市场格局必将迎来新一轮的洗牌。

与其他行业的电商相比，房产电商主要有两个典型特征：非标准化、本地化。这两大特征决定了房产电商无论技术、模式多么先进，也无法完全实现线上化。从往年房地产行业的痛点来看，未来无论房产电商往哪个方向转型，都需要解决以下两个方面的问题：①如何提高线上平台目标客户的精准度；②如何提高线上流量的成交转化率

中国房产电商模式

总体而言，中国房产电商的模式都可以称作O2O（Online to Offline）模式（如上图），即如何通过电商平台的渠道将线上客户与线下房源进行有效协同。若依据渠道的特征来划分，主要有以下四类。

一、房产媒体类电商

相比其他类型的房产电商平台而言，房产媒体类电商出现时间较早，包括一些房产垂直网站、门户网站和分类信息网站在内的房产频道等基本上都是由房产媒体平台发展起来的。目前，一些房产媒体平台仍以信息发布为主，如安居客、百度乐居、房掌柜、万房网等；还有一些房产媒体平台已经转型为房产媒体类电商，如搜房网、house365、搜狐焦点、新浪乐居等。

房产媒体类电商的优势在于其在线上流量方面具备领先优势，品牌认知度也相对较高；劣势在于：①房产行业相比快消品行业，营销成本占总成本的比重非常低；②在线下服务资源方面相对欠缺。一些房产媒体类电商已经开始注重加强线下服务体系的建设，但在转型过程中，压低佣金、减少中间环节将有损传统中介公司的利益，而中介公司一直是房产信息平台的主要客户之一，这样一来，短期内转型将对电商平台的营收情况带来一定影响。

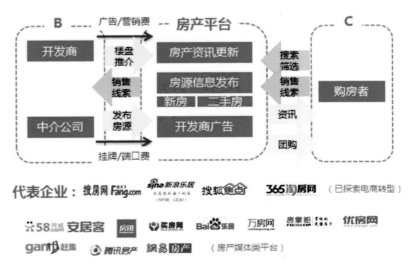

房产媒体类电商模式分析

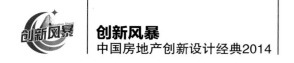
二、房产经纪人分销平台

这种类型电商的典型企业是房多多。目前，其签约经纪人已超过50万，其模式（如下图）主要是通过建设房产经纪人分销平台，把全国线下零散的房产中介、个人职业经纪人资源整合，相当于房产电商中的"阿里巴巴B2B业务"。相比房产媒体类电商平台而言，这类电商更注重个人职业经纪人资源。

房产经纪人分销平台对开发商/代理商而言，其在一定程度上提升了线上流量导入、线下撮合的转化率；对于房产经纪人而言，其在提高了服务的效率，并能享受到平台带来的大量开发商新房源信息；对于购房者来说，其在可以节省选择的时间成本。

房产经纪人分销平台虽然提高了online往offline的转化效率，但主要优化的是外场部分；开发商案场部分并没有优化方案，实际成交转化率是否有提高还有待观察。与此同时，相比房产媒体类电商，房产经纪人分销平台C端用户流量短期内相对欠缺。

另外，相比传统中介，房产经纪人分销平台主要在佣金上进行了费率压缩。对于整个房产产业链而言，压缩佣金短期内会带来一定的恶性竞争。同时，压缩一部分中介的利益，也并没有解决房产电商要提高成交转化率的痛点。

三、传统中介电商化

传统中介电商化的典型企业有：链家网、Q房网等（如下图），

主要特点为：线上有房产电商平台，线下有自营或加盟的服务门店，相当于房产电商中的"格力"。比如，链家网是纯粹的从线下中介往线上电商平台转型的公司，为了进一步提高线下服务的覆盖率，链家在2015年的前三个月已经进行了四次并购和战略合作；而Q房网则在2015年3月被传统中介上市公司世联行以4.2亿元收购其15%的股权，线下有300余家门店。

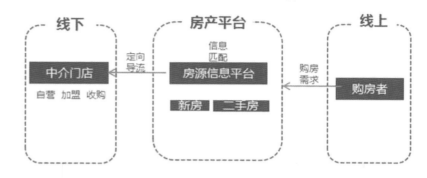

这种模式在线下服务方面有较强的优势，因其具备多年积累的房产中介经验，对周边资源把控能力更强，对周边环境了解程度更高。

缺点在于：①和房产经纪分销平台相比，传统中介电商化的企业主要只能用自己公司或加盟的经纪人资源，在一些覆盖欠缺的城市则没有优势；②这种模式是电商模式中最"重"的一种，经营成本负担大，扩张速度相对较慢；③和房产媒体类电商相比，线上平台缺乏C端流量，对线下的导流效果有一定影响；④房产电商的offline包括外场和内场，传统中介电商化模式主要优化的是外场部分，开发商案场部分并没有优化方案，实际成交转化率是否有提高同样有待观察。

四、全民众销平台

全民众销平台模式（如下图）最典型企业是好屋中国，最突出的特点是任何人都可以成为房产经纪人，只要推荐周围有购房意向的好友信息，一旦被推荐客户成功购买好屋中国合作楼盘，好屋经纪人可以获得总成交价千分之一至千分之三的返利佣金。截至目前，好屋经纪人总数近315万。

括评估服务等其他产业链服务产品。

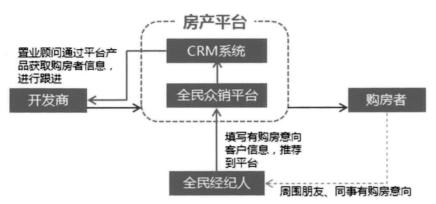

全民众销平台模式分析

好屋中国这种全民经纪人模式改变了房产平台获取信息的流向。在传统房产信息平台模式中，购房者属于自有来源；而全民经纪人模式中，社会经纪人成为平台迅速获取购房者信息的最大来源。

目前，好屋中国大部分全民经纪人为售楼处到访、购房者、老业主的核心人群。该类人群推荐的客源相比于其他房产电商通过地推、传单等形式获得的客源在精准度、匹配度上更高。数据显示，上述人群推荐的客源最终成交转化率远高于房产电商的平均转化率。

全民众销平台的优势在于：①全民众销平台拥有源头数据，能保持精准推送、目标用户清晰，降低了开发商获取客源的成本；②能基于C2B模式，通过对精确客源的大数据分析，了解顾客需求、喜好，减少了开发商的市场调研成本；③对于C端用户来说，他们更信任朋友的口碑传播，返利佣金也提高了C端用户的参与积极性。

作为国内首家尝试全民众销平台的房产电商平台，好屋中国相当于房产电商中的"京东商城"，自2012年年底上线到2014年年底已完成销售额2 942亿元，并在2014年7月获得软银中国5 000万美元的A轮融资，短短两年其运营能力飞速发展，证明了这种模式中国化的可行性。但其缺点在于，相比美国等其他国家，全民经纪人概念在中国的认知度还比较低，仍需要房产电商平台市场对消费者进行培育。

除了以上根据渠道特征划分的四种房产电商模式外，目前房产电商市场上还有很多创新的模式：基于房产电商的互联网金融产品，如"好屋贷""安家福贷"等；基于房产电商大数据的产品，如"客倍多"等；基于开发商的CRM管理产品，如"抢客宝"等；基于房产社区的SNS产品，如"考拉社区""叮咚社区"等；此外，还包

可以预计，未来的房产电商将会出现类似于"阿里巴巴""京东商城"的公司，把上述的创新模式进行整合，逐步打通整个房产交易环节、构建房产电商生态圈，实现房产电商交易的O2O闭环。目前，包括房产媒体类电商中的搜房网、house365等以及全民众销平台中的好屋中国等都在致力于布局房产全服务链，打造房产电商的生态圈。

综合起来看，目前，国内的房产电商行业还处于转型和洗牌的初期，未来能在较长一段时间里保持竞争优势的企业一定是能够解决房地产行业本身痛点的企业。要从根本上解决房产电商成交转化率低的问题，除了渠道的优化，最主要还是要实现两个"O"的闭环；提高两个"O"的效率。

在Online方面，全民众销模式提高了目标客户的精准度；在Offline方面，除了外场的优化，还需要房产电商对开发商案场进行优化，从根本上提高成交转化率。比如，好屋中国的"抢客宝""助理宝"等产品就是针对优化内场推出的电商工具。开发商置业顾问可以通过"抢客宝"等CRM工具在线上即时获取精准的客源，并进行跟进；在整个交易磋商的过程中，专业房产经纪人可以通过"助理宝"等客户成交管理工具，实现全程交易线上、线下的无缝对接，并最终完成交易，获取佣金。

从其他互联网化进程较快的传统行业现状来看，无论是正在转型的传统房产信息平台，还是正在互联网化的开发商、房产代理商和房产中介，又或者是房多多、好屋中国等创新型公司都有各自的优势和短板，这几种房产电商形式将在较长的一段时间内并行存在。预计今明两年会出现更多的平台转型、传统中介线上化和创新型公司切入房产电商市场。

未来，随着房产电商行业转型的深入和新旧势力矛盾的振荡加剧，原先的互联网房产市场格局可能迎来重新洗牌的机会。一些规模较小的房产信息平台可能会逐步丧失市场份额；而模式更轻、以交易成果为导向的新型房产电商平台如好屋中国等将拓展平台规模，扩大市场份额。

易观智库分析师　钱文颖